有趣的哲学启蒙书

荣格

心灵与人格的故事

【韩】吴莱焕 著　吴荣华 译

全国百佳图书出版单位
APGTIME 时代出版
时代出版传媒股份有限公司
黄山书社

图书在版编目（CIP）数据

荣格：心灵与人格的故事/（韩）吴莱焕著；吴荣华译.
—合肥：黄山书社，2011.6
（有趣的哲学启蒙书）
ISBN 978-7-5461-1167-4

Ⅰ.①荣…Ⅱ.①吴…②吴…Ⅲ.①荣格（1875~1961）－分析心理学－儿童读物Ⅳ.①B84-065

中国版本图书馆CIP数据核字（2010）第062021号

版权合同登记号：1209707

荣格:心灵与人格的故事　　[韩]吴莱焕著　吴荣华译

出 版 人:左克诚　　选题策划:杨　雯　余　玲
责任编辑:余　玲　朱莉莉　　责任校对:余志慧
装帧设计:姚忻仪　　责任印制:戚　帅

出版发行:时代出版传媒股份有限公司　http://www.press-mart.com
黄山书社　http://www.hsbook.cn/index.asp
(合肥市蜀山区翡翠路1118号出版传媒广场7层　邮编:230071)
经　　销:新华书店　　营销部电话:0551-3533762　0551-3533768
印　　制:湖北恒泰印务有限公司　027-81810900

开　　本:720×980　1/16　　印　　张:8.5　　字　　数:170千字
版　　次:2011年7月第1版　2011年7月第1次印刷
书　　号:ISBN　978-7-5461-1167-4　　定　　价:18.00元

编辑姐姐给同学们的一封信

同学们：

当你们看到姐姐捧着这些哲学家讲的哲学故事的书来到你们中间时，你们是不是情不自禁地皱起了眉头，低声嘀咕："哲学，太深奥了，我们哪里读得懂啊？"

是啊，哲学是人类思维的最高智慧。我们在说到一些有思想的伟人时，常常称他们为"哲人"。对他们思想的研究，例如对老子、孔子、柏拉图、苏格拉底……我们探讨了几千年，还在不断地探讨哩。这说明哲学的确是一门很深邃的学问。但是，另一方面呢，哲学所探讨的又是我们每个人，包括同学们自己每天都在问的一些问题，例如：世界是什么？人为什么活着？怎样的生活才有意义？我们能改变世界、改变自己吗……这也就是说，我们也许不一定意识到自己在学哲学，但我们每天想的这些问题，都是哲学所要探讨的基本问题。所谓的哲学家，就是他们对人类思考的这些基本问题有着专门的研究和深刻的见解，他们像黑暗中的明灯，给许许多多人的生活指出了前进的方向，给许许多多人的精神带来了寄托。

同学们，你们在生活中，在学习中曾经有过困惑，有过苦恼吗？你们有没有想过为什么会有这些困惑和苦恼？怎样解决这些困惑和苦恼？如果呀，你们学了一点哲学，认识了一些哲学家，你们会发现：原来我们的这些困惑和苦恼，他们也有过，并且还对这些问题发表过许多深刻的见解，听了以后使我们的心胸感到豁然开朗。

其实，你们现在遇到的困惑和苦恼，还是些小困惑小苦恼。随着你们不断成长，知识不断增加，眼界不断开阔，你们思考的问题会越来越多，你们遇到的困惑和苦恼也会越来越多。如果你们想不断地战胜这些困惑和苦恼，使自己不断地进步，对世界、对人生的理解不断地深刻，你们肯定会不断地与越来越深刻的哲学，越来越多的哲学家相结识。所以，从现在起，你们有意识地学一点哲学，有意识地了解一些伟大的哲学家，对于你们今后的成长实在是太重要了。

为了帮助你们从小学点哲学，了解一些最伟大的哲学家，姐姐特地从韩国为你们编辑引进了这套《有趣的哲学启蒙书》小丛书。为了让这套书更适合你们阅读，姐姐还专门去了韩国，和作者以及出版社的编辑进行座谈讨论。

姐姐之所以向你们推荐这套书，首先是因为这套书写得太有趣了，与你们的生活，与你们的爱好太接近了。它要么把那些哲学家复活，放在你们的身边，与你们一起学习生活，进行思想交流；要么，请同学们“变”到哲学家所生活的时代去，和哲学家一起感受他们的生活，感受他们的思想产生的土壤；要么，干脆就是一篇童话故事，在海洋，在天空，我们的哲学家变成了各种会说话的鱼儿、鸟儿什么的。你们读起来就好像在读探险故事，又好像在读科幻小说，既紧张，又兴奋。

其次是因为这套书将这些哲学家最重要的思想用非常简明的形式表现出来，让同学们一听就能明白，就能对这些哲学家有所认识，感到他们很亲切。今后，等你们长大了，再深入学习这些哲学家的思想时，就不会感到陌生了。第三，是因为这套书真正做到了深入浅出。无论是小学三年级的同学，还是高中学生都可以阅读，只不过由于你们身边世界的大小不同，你们从中得到的理解和收获也不同。

说了这么半天，同学们似乎都有点迫不及待地想听哲学家亲自来为你们讲故事了，当然，他们一定比姐姐讲得精彩多了。那么，好吧，你们就直接和这些伟大的“哲人”交往吧。记住，有什么问题和收获别忘了和姐姐一起交流、分享噢。

祝你们进步！

编辑姐姐

中文版序

——孩子和大师之间的桥梁

哲学是启迪人生智慧的学科。人的一生中，是否受到哲学的熏陶，智慧是否开启，结果大不一样。哲学在人生中的作用似乎看不见，摸不着，其实至大无比。有智慧的人，他的心是明白、欢欣、宁静的，没有智慧的人，他的心是糊涂、烦恼、躁动的。人生最值得追求的东西，一是优秀，二是幸福，而这二者都离不开智慧。所谓智慧，就是想明白人生的根本道理。唯有这样，才会懂得如何做人，从而成为人性意义上的真正优秀的人。也唯有这样，才能分辨人生中各种价值的主次，知道自己到底要什么，从而真正获得和感受到幸福。

哲学对于人生有这么大的意义，那么，我们怎样才能走近它、得到它呢？我一向认为，最可靠的办法就是直接阅读大哲学家的原著，最好的哲学都汇聚在大师们的作品中。不错，大师们观点各异，因此我们不可能从中得到一个标准答案，然而，这正是读原著的乐趣和收

获之所在。一个人怎样才算是入了哲学的门？是在教科书中读到了一些教条和结论吗？当然不是。唯一的标准是看你是否学会了用自己的头脑去思考人生的根本问题，从而确立了自己的人生信念。那么，看一看哲学史上诸多伟大头脑在想一些什么重大问题，又是如何进行独立思考的，正可以给你最好的榜样和启示。

常常有父母问：让孩子在什么年龄接触哲学书籍最合适？我的回答是：顺其自然，早比晚好。顺其自然，就是不要勉强，孩子若没有兴趣，勉强只会导致反感。早比晚好，则要靠正确的引导了，方法之一便是提供足以引发孩子兴趣的适宜读物。当然，孩子不可能直接去读原著，但是，我相信，通过某种方式让他们了解那些最伟大的哲学家的基本思想，仍然是使他们对哲学真正有所领悟的必由之路。

正是基于这一想法，我乐于推荐黄山书社出版的《有趣的哲学启蒙书》系列丛书。这套丛书选择了东西方哲学史上50位大哲学家，以各人的核心思想为主题，一人一册，用讲故事做诱饵，一步步把小读者们引到相关的主题中去。我的评价是，题材的选择颇具眼力，50位哲学家几乎囊括了迄今为止对人类历史产生了最重要影响的精神导师。故事的编撰，故事与思想的衔接，思想的表述，大致都不错，水平当然有参差。我觉得最难能可贵的是，韩国的儿童教育学家和哲学家极其认真地做了这件事，在孩子和大师之间筑了一座桥梁。对比之下，我们这个泱泱大国应该感到惭愧，但愿不久后我们也有原创的、高水平的类似书籍问世。

周国平

目 录

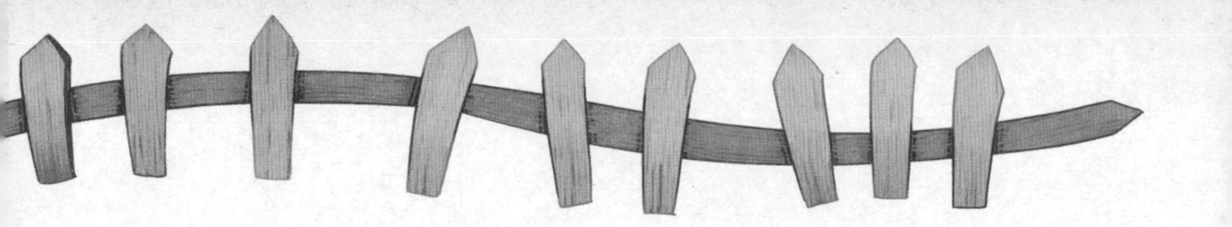

卷首语

人们往往把脱离现实的想法说成是“梦境般的事情”。朋友之间聊天，如果有个朋友说了一句不可思议的话，我们会问他：“你是不是在说梦话？”是啊，我们很多人都把梦境看成是脱离现实、虚无飘渺的。人类很早就开始采取各种方式释梦，但大都是出于神话、宗教或者迷信而把梦境和现实牵强附会地结合在一起罢了。可是，同学们即将在书里遇见的瑞士哲学家、心理学家卡尔·古斯塔夫·荣格却把梦境作为学术研究对象进行了专门的研究。

荣格与第一个提出无意识理论的弗洛伊德一样，没有把梦境看成是单纯满足好奇心的对象，而是把它当作学术研究的对象来进行对人类梦境的科学研究。荣格研究梦境的动机只有一个，那就是重新理解人类的精神世界。在弗洛伊德以前的哲学家都把人类的精神活动局限在个人清晰明确的思维和意识范围内，可荣格作为精神科医生和心理学家，致力于研究精神本身的结构和精神的思维方式。最后，荣格发现人类精神世界里不仅存在着现实的、清晰的意识领域，而且还存在

着像梦境一样模糊不清的非现实的无意识领域。如果说弗洛伊德科学地阐述了人类精神世界中的无意识领域，那么荣格则进一步提高和发展了弗洛伊德无意识理论的研究成果。

人类的精神世界由意识和无意识构成，而意识又包括“自我”和“人格面具”（Persona，希腊文，本义是指演员在戏剧表演中为扮演某个特殊角色而戴的面具，被荣格称为从众求同原型 conformity archetype——译者注），无意识包括个体无意识和集体无意识。荣格的这一理论体系要比弗洛伊德的理论精确得多。我们熟知的心理类型分类法、心理情结等也都是从荣格的无意识理论中派生出来的。这说明荣格的理论体系已经被现代人接受并广为利用。荣格的理论不仅让我们了解了精神感应、幻觉记忆等特殊的精神现象，而且还让我们系统地理解了心灵科学和宗教的灵异现象。这是因为荣格的分析心理学涉及到哲学、历史、神话、宗教等各个领域。

我们每个人的心里都有无意识的感情纠葛——心理情结，可我们不能把心理情结单纯理解为负面的情绪，而应该理解为我们人类固有的一种心理现象。只要我们用新观念了解我们的精神世界，就完全可以克服自己心中的各种情结。如果我们正确对待心理情结，那么心理情结反过来会进一步促使我们成熟，使我们的精神世界变得更加完美。希望这本书能成为同学们自我发现和克服心理情结的良师益友。

吴莱焕

楔子

这是春天里的一个星期一，在星期一的早晨，教室里总是这么热闹，因为孩子们都在谈论周末发生过的事情。老师进来了，孩子们迅速返回自己的座位，教室里再次乱成一片。等到孩子们都坐下来，教室才恢复了安静。今天的晨会都有什么内容呢？一起来听听老师的话吧。

“下周六我们决定召开一次全班特长竞赛，至于以什么方式进行，就由大家共同商量决定。”

老师的话音刚落，孩子们就纷纷举起了手。

“我认为特长竞赛只让那些有一定特长的同学参加为好。搞任何一种活动，都要以自愿为前提嘛。强迫所有的孩子参加，活动也不一定搞得好呀。”

老师把这个意见写在了黑板上。这时又有一个学生站起来说道：“既然是全班的特长竞赛，我觉得还是大家一起参加为好。以各个

小组为单位设定特长主题，以小组集体的形式进行竞赛。”

除了这个意见以外也有的孩子提出用同样的主题进行小组竞赛，最后选出第一名的意见。老师将孩子们的建议一一写在了黑板上。

“好啦，现在同学们都提出了非常好的建议，可建议太多，我们还是举手表决吧。大家同意吗？”

一多半的孩子赞成第二个建议，于是老师当即决定以小组为单位，全班学生都要参加特长竞赛，每个小组的竞赛时间规定为十分钟。

“我们选择什么主题好呢？”

智娴、钟姬、尚佑、玄植四个孩子被分到一个小组，他们正在考虑自己小组的特长竞赛主题。

“我们四个人来个小合唱怎么样？”

智娴提议道。

“时间可是十分钟呀，我们至少要唱两首歌。都唱什么歌好呢？”

尚佑这么一说，玄植皱起了眉头。

“唉，你们也知道我是全班有名的跑调大王，唱歌我可没有把握。”

“那我们选什么节目好呢？”

看到大家愁眉苦脸的样子，钟姬似乎想起了什么好主意，她拍一下手说道：“对啦，我哥哥在大学里念的是戏剧表演专业。我们四个人演一段小品怎么样？我哥哥那里肯定有不少小品剧本，我把剧本拿过来，只要练它一个星期就可以了。十分钟的小品内容也不多，我们肯定能演好的。你们说怎么样？”

“哇，这是个好主意。既然定下来了，我们就趁热打铁，今天就开始排练节目吧。”

“好，放学以后大家都上我家去。”

下午放学以后，钟姬带着智娴、尚佑、玄植三个小伙伴朝自己家走去。这四个小伙伴的小品节目会成功吗？让我们拭目以待吧！

一

我的多副面孔

如果有人把社会舞台上自己的人格面具当作是真实的自我，那么他的意识有可能犯下致命的错误。

——卡尔·古斯塔夫·荣格

1 撒娇与粗野

四个小组成员来到了钟姬家。钟姬已经跟自己的哥哥钟元约好，由他提供合适的小品剧本。于是，四个孩子边吃着钟姬妈妈削好的水果，边等待钟元哥哥回来。孩子们一刻也闲不着，又叽叽喳喳地说开了。他们都在讨论些什么呢？

“我现在越来越讨厌我们班的班长李蓝蓝。哼，她还真的以为自己是什么公主呢。”

钟姬皱着眉头说道。

“对了，你们看看这个。”

玄植忽然想起了什么，掏出自己的手机给大家看了一段录像。玄植平时总说自己的手机是一只“魔盒”。

“玄植，你小子是不是喜欢李蓝蓝？”

“谁喜欢她那样的小心眼儿？”

“那你拍她干吗？”

“我就是想让你们看看李蓝蓝装模作样撒娇的丑态，你们好好看看，简直恶心死了。”

“哦，撒娇？”

听到这话，尚佑也突然产生了好奇心，凑过来观看玄植的手机。手机画面上出现了向来不苟言笑的李蓝蓝在一个高个子男生面前撒娇的样子，她在那个男生面前不停地眨巴着眼睛说：“哟，是吗？”孩子们还是头一回看到自己班长撒娇的样子。

“这个人呀，真是人前人后不一样呀！”

录像的最后是蓝蓝朝那个男生道别的场面。孩子们这才发现蓝蓝笑起来还有一对漂亮的小酒窝呢。因为她平时一副严肃的样子，孩子们谁都没有发现蓝蓝有一对小酒窝。

“想想她跟老师说话的样子，真是判若两人啊！”

“对，蓝蓝跟老师说话从没有撒过娇。怎么说好呢？自以为是，真恶心人。”

“嗬，玄植呀，你小子是不是在忌妒人家蓝蓝？”

“忌妒？你说我忌妒她？”玄植慌忙反问道。

尚佑还以为玄植喜欢蓝蓝，看来并不是这么回事。尚佑挠着后脑勺说道：“女孩子不是都这样嘛，在男孩面前装模作样的！我姐姐也一样，只要她的男朋友来电话，她那娇滴滴的声音呀，简直叫我浑身起鸡皮疙瘩。可是她撂下电话跟我说话时就变得凶神恶煞，说‘你个臭小子偷听什么？还不快给我滚！’”

“是啊，经常在一起的人往往相互之间毫不客气，说话很随便，对不对？”

玄植若有所思地说着，将手机装入书包。

“对。我们不也一样吗？我们之间说话和我们跟爸爸妈妈说话也

有所不同嘛。”

“那也不会像蓝蓝那样判若两人呀。”

“根据不同情况也许会发生不同的变化吧。你看看我姐姐的样子，她在自己的男朋友面前像一只温顺的绵羊，可在我面前却是一只大老虎。”

“哦……”

玄植突然想起了什么，猛拍一下尚佑的肩膀说道：“对，因人而异，因时而异！”

“哎哟，你在说什么？”

“对，窍门就在这里了！我总被爸爸妈妈和老师批评的原因就在这里！”

“啊？”

尚佑摸着自己的肩膀瞥了一眼玄植。尚佑虽然与玄植是好朋友，可他很讨厌玄植动不动就拍人家肩膀的坏习惯。

“这就是说平时要多准备几张假面具，在不同人面前，在不同的时候要经常改变自己的面孔。我总挨批评，就是因为不会变脸啊。你们知道勇镇吧？”

“你说的不就是那个打架王吗？”

“勇镇算什么打架王？其实那小子只敢在小胡同里装腔作势，他总是挺胸抬头、趾高气扬，装出一副厉害的样子吓唬胡同里的小娃娃而已。”

“对，他也就那个能耐。”

“由于他说话也像地痞无赖，所以胡同里的小娃娃在他‘地痞无赖’的假面具下只得唯唯诺诺。可是你们知道他在家里是个什么样

子吗？他在家里就是一只小哈巴狗，跟谁都点头哈腰。”

“什么，勇镇在家里原来是这个样子？”

“他在家里是最小的一个，有两个比他大得多的哥哥，还有一个已出嫁的姐姐。我比谁都清楚勇镇那小子。他在小娃娃面前虚张声势，小娃娃都信以为真，个个把他当成英雄。人们都说他是一个打架王，那个臭小子的名声就是这么来的。也许是因为我知道他的底细吧，那小子就不敢跟我来往。我见过好多次他跟姐姐哥哥讨零用钱花。”

“呵呵，在家里是可爱的‘哈巴狗假面’，在小胡同里又是‘打架王假面’，看来勇镇比咱们的蓝蓝班长还要厉害呀！”

“可不是嘛，不过一说蓝蓝我就浑身起鸡皮疙瘩。”

玄植连连摇着头说道。尚佑心里琢磨着自己的姐姐，如果女孩子都在装模作样，那么谁更厉害？突然，他想起自己的妈妈，便说道：“对，我妈妈也是这个样子。”

“你妈妈？”

“是。我妈妈不是小学老师嘛，她呀，跟我说话、跟奶奶说话、跟老师说话，表情就都不一样。在我面前有‘皇帝’的威严，在奶奶面前有‘儿媳’的孝顺，在老师面前有‘家长’的顺从。在不同的场合，妈妈会以不同的面孔出现，就连说话的腔调也不一样。”

“啊，连腔调都不一样？”

“没错。我妈妈就是这样一个人。你们说，我妈妈是不是有点儿见风使舵呀？”

“我说的就是这个意思。我这个人的毛病就在这里，对朋友也好，对老师也好，真的没有什么两样。我也想戴上一回‘优等生假

面具’。可是，如果我真戴上了这个假面具，就怕班长李蓝蓝她有意见。”

“蓝蓝怎么啦？”

“嘻嘻，实际上我想看看蓝蓝那个时候的表情会怎么样。到时候你能不能拿你的手机替我把那个场面拍下来啊？肯定精彩！”

“你想干什么？”

尚佑的心情越来越不安了。因为尚佑知道，蓝蓝是一个惹不得的孩子，一旦她被惹火了谁都没有好下场。现在新学期刚刚开始，她又是班长，如果一不小心得罪她，恐怕这整个学期就甭想过安稳日子了。

“哼，我就不怕。我倒想看看蓝蓝怎么对待我。到现在为止我在班里是出了名的‘老大难’学生，可从今往后我要戴着‘优等生’的面具出现在他们面前。我真想看看他们会以什么样的态度对待我的这副假面具。”

“你还是小心点儿为好，蓝蓝可是惹不起的孩子。”

尚佑苦笑着警告了玄植一句。

“嘘，别吱声。”

看到钟姬拿起电话，智娴赶紧让尚佑先闭嘴。钟姬等得有点不耐烦，拿起电话给哥哥钟元打过去了。

2 对妹妹百依百顺的钟元

“我为什么要学那些罗马人的傻样，死在我自己的剑下呢？我的剑是杀敌用的。”

扮演麦克白的钟元哥哥出现在荒野背景的舞台上大声喊道。紧接着扮演麦克德夫的演员持剑追了上来。钟元哥他们正在排练下个月即将上演的莎士比亚的悲剧《麦克白》。

“转过来，你这个地狱里的恶狗，快转过身子来！”

麦克白：“我在所有人当中最不愿意看见的就是你。可我还是想放你回去，因为我的灵魂已经沾染了你们一家人太多的鲜血。”

麦克德夫：“我无话可说，我的话都在我的剑上，你这狠毒的吸血鬼、恶魔！”

说完，二人开始挥剑打斗起来，钟元哥和他的朋友已经完全化身为剧中的死对头。

麦克白：“你不过白费了气力。你要使我流血，正像用锐利的剑锋在空气上划一道痕迹一样困难。让你的锋刃落在别人的头上吧，

我的生命是有魔法保护的，没有哪一个妇人所生的人可以伤害我一根汗毛。”

麦克德夫：“让你那无人相信的魔法见鬼去吧！让你所信奉的神告诉你，我麦克德夫是没有足月就从母亲的腹中剖出来的。”

这时，舞台边响起了刺耳的手机铃声。钟元哥停止排练，瞪大眼睛怒气冲天地呵斥道：“工作时间谁的手机乱响？是谁的，赶快给我交出来！”

“钟元哥，是……是你的手机。”

“什么？是我的手机？”

钟元走到舞台边上从学弟的手里一把夺过手机。

“谁呀？我在排练节目打什么电话？”

“哥哥，你在干什么？说好了五点钟回来，我的几个朋友都在这里等你呢。”

听到妹妹钟姬不满的声音，钟元脸上的怒气一下子冰融雪化，口气也变得像潺潺流水一样柔和。

“噢，原来是钟姬呀，实在是对不起。钟姬，哥哥今天的排练看样子一时半会结束不了，可能要晚一些。等等，钟姬，你先别撂电话……喂，我一接电话你们几个小子就偷懒呀？还不快去设置舞台布景？还有你，我跟你说过多少遍了，剧本台词要提前背好。你们几个小子个个都是懒驴……嗯，钟姬呀，咱们的计划推迟到明天好不好？”

除了钟姬以外，其他几个孩子都被电话里钟元哥哥的怒斥声吓了一跳。可钟姬却满不在乎，继续撅着嘴说：“那你干吗不早点打电话告诉我？我们都在这里等你半天了！”

“哥哥实在对不起你，今天就算哥哥欠你一个人情，明天加倍偿还。你说好不好？”

“行啦行啦！明天你还得给我买好吃的！”

“那当然，那当然！”

钟姬撂下了电话。智娴、尚佑还有玄植三个人都目瞪口呆地望着钟姬。他们实在是想不明白，钟元哥对自己学弟的口气和对自己妹妹的口气竟然如此不同。智娴摇摇头说道：“你哥哥……对你特别好吧……”

“我也听见了刚才你哥哥对旁人发火的声音，你哥哥是一个非常严厉的人，对不对？”

尚佑也惊魂未定地说了一句。钟姬还是满不在乎地说道：“我哥哥对我从来都是百依百顺。他对爸爸妈妈都没有对我这么好，对自己的朋友和其他人说话更是粗暴。”

“这么说，你哥哥从来都是用不同的面孔对待你和其他人的？”

玄植也向钟姬问了一句。

“不仅仅是面孔不同，就连说话的口气、待人的态度也完全不一样。怎么，你们觉得奇怪吗？仔细想一想我们不都是这样的吗？如果对弟弟的态度和对爸爸妈妈的态度一样，那才真正奇怪呢。如果我们对待爸爸妈妈跟对待朋友一样，用同样的态度对待所有的人，那将是一副什么模样呢？”

听着钟姬的话，大家都点了点头。

智娴在一旁为钟姬帮腔道：“钟姬说得对。我也那么想，每个人都有自己的一套假面具，而这些假面具并不是为了欺骗他人，只是对不同的人、不同的情况采取不同的态度而已。也许这些假面具是我们生活中必需的呢。”

玄植露出兴奋又坚定的表情，不知这小子在想些什么，还“噗哧”一声笑了出来。望着玄植莫名其妙的表情，尚佑露出担心的神色，朝玄植无声地摇了摇头。

3 假面游戏

“玄植，你小子吃错药啦？你想干什么？”

钟姬狠狠地掐了一下玄植的腰，玄植莫名其妙地望着钟姬。

“刚才你为什么要帮李蓝蓝？”

“怎么？看班长那么费劲，我帮她一下还不行吗？”

“哎哟，我的天呀，你小子从什么时候开始对蓝蓝那么好了？”

“看她一个人拎着那么重的东西，我只是帮她拎了一下而已。”

“哎哟……”

看钟姬还在嘲笑自己，玄植再也没有理睬钟姬，拿起习题集站起来，径直朝孩子们最反感的数学老师身边走去了。现在是早自习时间，数学老师来到教室帮孩子们解决疑难问题。

“我看玄植今天的举动有点儿反常。尚佑，你说玄植今天这是怎么回事？”

钟姬摇晃着坐在自己前排的尚佑的肩膀问道，可尚佑只是耸一耸肩并没有回答钟姬的问话。玄植走到数学老师身旁向老师问着什么事情，然后又会意地使劲点头。

这时，数学老师做出了一个令人不可思议的举动。数学老师可是全校有名的严师，平常对玄植更是吹胡子瞪眼，可以说玄植与数学老师是死对头。玄植在课堂上说两句悄悄话，回答老师的问题不着边际，作业没有按时完成，这些都免不了挨上数学老师一顿严厉训斥，可今天这么一个老虎般威猛的数学老师竟然在亲切地抚摸玄植的头！

“妈呀，我简直要昏过去了。”

就连静静地坐在自己的位置上自习的智娴也伸长脖子望着玄植和老师的互动。

“钟姬呀，这是玄植吗？”

“我也在怀疑他是不是真的玄植！我看玄植准是得了什么病了。真奇怪，好端端一个孩子怎么会突然变成精神病患者呢？”

“难道玄植在向数学老师表决心，从今以后要好好学数学……”

这时，玄植离开老师的身边又走到李蓝蓝身边跟她说了几句悄悄话。只见李蓝蓝也笑容满面对玄植悄悄地说着什么。看到这个情景，钟姬瞠目结舌，智娴呆若木鸡。

“啊，这，这是……”

智娴觉得玄植的举止实在有点儿不对劲，拉起旁边尚佑的衣袖问道：“玄植这是怎么回事？你说说看！”

“嗯？”

“一会儿向数学老师表忠心，一会儿又跟蓝蓝套近乎，玄植到底想干什么？”

“是啊，我也觉得……”

就在尚佑吞吞吐吐的时候，玄植已经跟蓝蓝说完悄悄话，吹着口哨回到了自己的座位。自习时间结束了，老师刚刚走出教室，钟姬猛地转过身来死死盯着坐在后面的玄植问道："你小子对蓝蓝是不是有意思？"

"怎么，你忌妒啦？"

"嘀，我忌妒？"

钟姬的脸立刻发红了，此时的玄植又回复了往日狡黠的面目。

"原来你在暗地里喜欢我是不是？要不,我跟蓝蓝说话你忌妒什么？"

"谁喜欢你这样的臭小子？我喜欢的是尚佑！"

说完，钟姬立刻意识到自己说走了嘴，可是说出去的话泼出去的水，已经无法挽回了。钟姬只好双手捂住自己绯红的脸趴在桌子上，尚佑的脸也已经红到了耳朵根。

听到钟姬这一既唐突又意外的告白，智娴顿时目瞪口呆，怔怔地望着钟姬。玄植呢，则因为好不容易抓住了钟姬的小辫子高兴得合不上嘴。玄植乐呵呵地拍起了尚佑的肩膀。

"尚佑啊,听见没有？人家钟姬亲口说了,她喜欢你小子呢。嘻嘻！"

"玄植，我求你啦……"

"哈哈，没想到吧，幸福来得这么突然？"

尚佑想堵住玄植的嘴，可已经来不及了。钟姬趴在桌子上羞得抬不起头，玄植则连连捅着钟姬的腰仍在说："钟姬小姐，你赶紧趁热打铁牢牢地拴住尚佑吧，从今天开始我也会帮你好好管束尚佑这小子。听明白没有？嘻嘻！"

钟姬仍然趴在桌子上嘴里一个劲儿地嘟囔着什么，智娴叹息一声轻轻地拍了拍钟姬的肩膀。

经玄植三番五次地发誓再也不会拿这件事请开玩笑了，钟姬才终于抬起了头。他们四个人还是像往常一样来到学校附近的小吃部吃了午饭。坐在饭桌前，钟姬仍然低下头回避玄植和尚佑的眼神。

“所以说呀，我这是……”

看到玄植慢慢腾腾地卖关子，智娴在一旁接过了他的话茬儿。

“所以说你今天这出滑稽戏是一场试验，对不对？”

玄植摇头晃脑地说道：“我仔细想过，尚佑的姐姐在她的男朋友面前撒娇并不能说是装模作样，所有的人面对不同的对象都会表露出不同的面孔。可以说在男朋友面前撒娇是姐姐的真面目，而对尚佑横眉怒目才是她的假象。更准确一点儿说，我们活在这个世上，任何人都在戴着假面具过日子。”

“难道我们天天接触的朋友也都戴着假面具？”

智娴眯缝着眼睛狐疑地问道。

“今天玄植给大家来了一场恶作剧。哼，那叫什么试验？不就是好奇大家对自己的反应，哗众取宠吗？”

听到智娴不以为然的话，玄植双手抱臂撇了一下嘴。尚佑替玄植解释道：“昨天我跟玄植回家的时候谈论过一个问题：如果我们以另一副面孔出现在别人面前，别人对我们的态度会不会发生变化？今天玄植首先以数学老师和班长李蓝蓝为对象做了一次试验。这就是所谓的‘假面试验’。”

“这可是我们俩经过反复研究之后才搞的一次试验噢。今天上学正好看到蓝蓝在搬什么东西，于是我主动出现在她的面前说了句好听的话：‘大家谁都不肯动手搬东西，只有班长受这个罪，太不像话了！’说完我就帮她搬东西。干完活之后我又说了一句同情的话，

我要忍耐
很想听
我不理解

‘蓝蓝，你平时待人太好，所以一旦有什么活，大家都等着你去干。’”

玄植虽然对智娴刚才的话耿耿于怀，可还是十分认真地向大家说明了自己的意图。

“那，数学老师呢？”

“数学老师平时总把我看成是个不愿意念书的‘老大难’学生，所以今天我故意换上另一副面孔，假装对数学感兴趣，向老师问这问那，还要老师帮我制订学习计划，装出一副痛改前非的样子。”

“哈哈，简直不可思议，数学老师竟然被你的小伎俩给蒙骗了？”

“那有什么？你们不知道我天生就有高超的演技吗？”

玄植的调皮劲儿又上来了。智娴在一旁发笑，可钟姬仍然低下头默不做声。

“所有人都有另一副面孔。所以当熟悉的同学突然戴上假面，我们就会觉得他装模作样。”

尚佑耐心地解释道。

“就是说在我们看来他是矫揉造作、装模作样，可实际上他只是戴上了一副假面，是这个意思吗？”

智娴一问，尚佑点了一下头。

“我觉得我们每个人都会根据不同的情况适当地改换自己的面孔。想想看，如果校长老师在全校大会上训话时做出我手机录像里蓝蓝的那副撒娇模样，那将是一个什么样的场景呢？”

听到这话，钟姬不禁笑出声来，她的脑海里浮现出表情严肃的校长柔情万种的画面：“同学们呀，你们今天要认真学习，嗯，好不好呀……”

“钟元哥哥在给我们讲表演艺术的时候曾经说过，人们戴上假面

不一定都是为了欺骗别人，而主要是为了适应当时的场合。因此说，那些假面是每个人在社会活动中找到自己的角色和位置，发挥自己的功能和作用所必需的。比如，家长要像家长，朋友要像朋友，弟弟要像弟弟，等等。这个所谓的‘像’就是指要戴上家长、朋友和弟弟的假面啊。”

“可假面毕竟是假面，我看有些假面就实在假得离谱，与他本人的真面目完全不同。比如说像玄植那样的捣蛋鬼硬要在大家面前冒充优秀生……”

钟姬看来一定要报复一下玄植，玄植撇了撇嘴。

智娴想了一会儿说道：“不过，如果硬要隐瞒自己的性格去迎合别人和社会，也是一件不容易做到的事情呀？”

“玄植，你听见没有？硬装优秀生可是一件不容易做到的事情。我劝你还是死了那份心吧。”

“你有完没完？”

听到钟姬再次嘲弄自己，玄植终于憋不住地叫了一声。这时，尚佑立刻挡在玄植面前说道：“你们看这样好不好？从现在起咱们每个人都找一找自己的假面，有些是咱们大家都知道的，可有些假面咱们相互之间还没见过呢。把自己的这些假面统统找出来，叫大家认识认识不也很有意思吗？”

还是尚佑识大体顾大局，看来钟姬喜欢尚佑不是没有道理。智娴斜眼瞥了一下尚佑。

可是，尚佑对钟姬究竟是怎么想的呢？

弗洛伊德与荣格

从很久以前开始，人们就认为人类是精神和肉体合二为一的存在，就是现代也有不少人仍然坚持这个主张。弗洛伊德是专门研究人类精神的哲学家。在他以前，人们只把精神理解为能够认知自己的思想和行为的意识(即活着的灵魂)。因此，弗洛伊德之前的哲学家也只能研究这些“活着的灵魂”——意识的结构和活动。可是，弗洛伊德在治疗精神病患者的时候发现了一个新的问题，那就是人类的精神世界里不仅有“意识”，而且在灵魂的深处还潜藏着“无意识”世界。

如果说弗洛伊德是第一个发现并研究“无意识”并推出“精神分析学”的人，那么荣格则是继承和发扬弗洛伊德的理论，创立“分析心理学”的伟大哲学家。

学者们认为荣格理论的最大贡献就是把弗洛伊德的“无意识”具体细分为“个体无意识”和“集体无意识(普遍无意

识)”,把意识具体细分为“自我”和“人格面具”。尤其荣格的“人格面具”概念为人类正确认识和对待自己提供了重要的理论依据。下面,我们用图表来说明一下弗洛伊德理论和荣格理论的差异。

弗洛伊德——精神
- 意识
- 无意识

荣格——精神
- 意识
  - 自我(自我意识)
  - 人格面具
- 无意识
  - 个体无意识
  - 集体无意识(普通无意识)

“人格面具”是每个人自己的多种不同面孔

在意识世界里既有自己认知自己的“自我”,也有让别人认知自己的“人格面具”。如果拿冰山做比喻,漂浮在水面的部分属于意识,潜藏在水面以下的部分就是无意识。漂浮在水面那一部分的性质、大小可以看成是意识中的“自我”,而水面上的冰山经过风吹日晒雨淋发生了变化的模样就可以看成是“人格面具”。自己认知自己的性格、记忆、习惯、价值观等,就是“自我”;而通过集体或者社会活动中的各种角色让其他人认知的自己,就是“人格面具”。因此,职业和社会地位往往造就个人的假面。如果我们在自己不称心的岗位上工作，就很容易感到困惑。这是因为在工作岗位上要表现出与自我完全相反的假面，因此个体感到力不从心。可是如果我们一味地主张自我，过分地强调“自我中心”，那么也很难适应变化多端的社会活动。

对一位演技出众的演员，我们经常称他（她）为“多面手”，因为那个演员演什么像什么。而这恰恰说明那个演员具备了多种多样的假面。不仅仅是演员，要想更好地适应这个社会，我们每个人都要具备多样的假面，而且要把这个假面与原来的自我有机地联系起来。

“人格面具（persona）”这个词来源于希腊文，本义是指演员在戏剧表演中扮演某个特殊角色而戴的面具。在现实生活中，我们既不能把这个假面当成是自己的“真面目”，也不能当成是自己“骗人的假面”。“自我”和“人格面具”并不属于难以理解的“无意识”领域，而是属于“意识”领域，因此我们完全可以协调好自己意识中的“自我”与“人格面具”的关系。

荣格“意识理论”的最大成就：心理类型划分法

如果说弗洛伊德只注重对人类“无意识”的研究，那么荣格则对人类的“意识”也给予了极大的关注。经过长时间的研究和探索，荣格创立了自称为“意识心理学”的多种形式人性理论。其代表性成果就是我们至今仍在沿用的“人类心理类

型划分法”。

人类的行为多种多样，人类在社会上的言谈举止看上去是各行其是、杂乱无章的，可荣格却认为人类的言谈举止其实是个秩序井然的规律性活动。人类的行为之所以各不相同，是因为每个人知觉、判断的能力各不相同。于是，荣格首先弄清自我的基本行为规律与行为能力，然后把基本行为规律和基本行为能力有机地结合起来，给我们说明了个人心理的类型。

荣格认为自我的基本性格可分为外倾（外向）和内倾（内向）两种，而这一基本性格是人类与生俱来的。外倾的人其注意力和精力更多地指向客体，即外部世界；而内倾的人其注意力和精力则更多地指向主体内部，即自我的精神世界。

人类意识除了这两条基本规律以外，荣格认为还有四种自我基本心理能力。他在研究中发现，尽管同样是内倾或者外倾，人们的心理能力也不尽相同。尤其是判断过程中的思考与感情、知觉过程中的感觉和直观，这四种心理能力发挥作用的程度是因人而异的。荣格把上述的两条基本规律和四种基本心理能力结合起来，把人类的心理划分为八种类型。

1.外倾思维型：重视自然规律和事实的人，属于这一类型的人主要有科学家和技术人员；

2.内倾思维型：系统地思考内在精神世界的人，哲学家就是属于这一类型的人；

3.外倾情感型：适应能力比较强，社交活动频繁。企业家和社会活动家属于这一类型；

4. 内倾情感型：善解人意，具有较强的自我牺牲精神，比如神职人员就属于这一类型；

5. 外倾感觉型：面对现实，尊重既成事实，一般个体劳动者都属于这一类型；

6. 内倾感觉型：重视主观经验与自我感觉，属于这一类型的人主要是艺术家；

7. 外倾直觉型：对未来的事情予以极大的关注，探险家就属于这一类型；

8. 内倾直觉型：喜欢梦境、幻想等神秘的事物，神秘主义者就是这一类型的典型代表。

到目前为止仍被我们广为利用的性格测试工具 MBTI（Myers-Briggs Type Indicator），就是在荣格的理论基础上用更加通俗、实用的方法制订的性格类型指标。这里我们一定要记住一个事实，那就是我们每个人都是多种心理类型的混合体。荣格还强调随着人类人格进一步提高和成熟，任何一个个体都可以改变自己的心理类型。

二

梦境，记忆之海的召唤

我的生涯是无意识得到实现的历史。若时机成熟，一切无意识都将变成现实，就连我自己的人格也依赖于无意识条件而得以发展。

——荣格

1 昨晚我在梦中看到……

放学后，钟姬和智娴一起走出教室前往钟姬家。她们还要排练小品节目呢。一路上钟姬一个劲儿地在说什么，可智娴却没有半句回应，只是低头默默地走路。钟姬感到很纳闷儿，停下脚步拉住了智娴的衣袖。

"智娴呀，"

……

"李智娴！"

"啊！嗯，是你在叫我？"

"你在想什么？连我叫你都听不见……"

钟姬这么一嚷嚷，智娴才恍然大悟似的抬起了头。钟姬本想好好说智娴一顿，可当智娴抬起头的时候，钟姬突然看到了她布满血丝的眼睛。钟姬一下子怔住了。

"妈呀，你的眼睛怎么啦？"

"我，我昨晚一宿没睡。"

“怎么啦？做噩梦了？”

“嗯。虽然不是噩梦，可是……”

智娴说到一半便咬住了嘴唇。钟姬心里十分着急，催促智娴问道：“可是怎么啦？”

“昨晚我在梦中看到了妈妈。”

“梦见你妈妈？”

“嗯。”

智娴低下头轻声回答。智娴的妈妈是在两年前离开人世的，钟姬早已知道这事。她一时找不出适当的语言来安慰智娴。

“我在梦中看到妈妈站在卧室里看着我的书架，然后她从书架上取出一本红色封面的书对我说了什么话。妈妈都说了些什么，我现在一句也记不住。我的意识朦胧得很，甚至连这是梦境还是现实也分不清楚。我从梦中醒来是凌晨四点钟，我上了趟卫生间然后重新躺在床上就再也睡不着了。虽然我在梦中看到的不是别人，是我日夜想念的妈妈，可我还是有点害怕，于是我打开卧室的电灯一直等到天亮。”

“梦见妈妈你害怕什么？”

“就是说啊。可是在黑暗的房间里独自一人待着，你不会感觉到有人在黑暗中一个劲儿地盯着自己吗？一想到有人在黑暗中盯着我，我就吓得睡不着觉。”

“是吗？我可从来没有体会过那样的感觉。你也知道我们家天天闹哄哄的，我根本不会有什么害怕、恐惧之类的感觉。”

钟姬家人口多，她从小是在闹哄哄的环境中长大的，因此哪怕她一个人待在家里，也从来没有过恐惧感。这时智娴继续说道：“从

梦中醒来以后我再也睡不着觉，于是我起床站在妈妈梦中站过的书架前查看了一遍书架。结果你猜怎么着？我真的发现有一本红色封面的书插在书架上。当时我吓得心脏都要停止跳动了。我哆哆嗦嗦地从书架下取出了那本书，原来那是一本影集。”

“是什么影集？”

“就是普通的影集，那里有我小时候的照片，也有妈妈跟我们一家人留下的合影。看见影集，我心里更是害怕。因为在此之前我从来没有看到过那本影集，我也不知道我的卧室里还有那样的影集。我真纳闷儿，我怎么会在梦中看到那本影集呢？”

“妈呀，听了你的话我都有点儿害怕了。”

听着智娴的话，钟姬觉得气温突然下降了十度，浑身都凉飕飕的，不禁双手抱臂浑身抖动了一下。

智娴经常做关于妈妈的梦，可这次梦见妈妈，智娴感觉到这不是梦境，而是活生生的现实。她能感觉到妈妈亲切的眼神和温柔的呼吸。

“钟姬，我呀……我一直在回忆自己在什么地方见过那本影集，可我就是想不起来。妈妈这次出现在我的梦里，我觉得特别奇怪。难道我妈妈真的变成一个鬼魂来到了我的身边？要不……妈妈是不是有什么生前没有讲过的话要告诉我？不，不会的，世上根本不存在什么鬼魂，你说是不是？”

智娴越说越害怕，赶紧否认了自己的想法。

“可是，也许会出现这样的事情嘛。”

“什么事情？”

“我们偶尔看到一件陌生的东西，心里就喊‘啊，我好像在哪儿

见过那个东西……'，这叫似曾相识对不对？我们所能记住的，实际上是所有现实活动中极少的一部分。比如说我们天天在路上与别人擦肩而过，可我们的大脑根本无法记住所有人的面孔，因此我们很快就都忘掉了。可是，如果在另外一个地方又见到曾经遇上的人，虽然已经忘记了具体什么时候见到过，但心里还是会觉得似曾相识。"

"可是那本影集就是插在我家书架上的东西，我怎么会一点记忆都没有呢？"

"那个影集是不是你在很小的时候看见过的？"

智娴陷入了片刻的沉思，她眨巴一下像兔子一样发红的眼睛，点了一下头。

"可能吧……"

"我想那是智娴你在很小的时候看过的影集，只是时间过得太长，你自己忘掉了。后来在无意识之中你就想起了那本影集。"

"无意识之中？"

"是啊，只是平时你没有记住而已，我想你肯定在什么时候见过那本影集。"

"也许是见过……对呀，不是说无意识是记忆的储蓄所吗？储藏在脑海里的记忆平时不怎么在乎它，可在关键时候我们能够把它重新找出来。"

"什么，无意识是记忆的储蓄所？嘿，你这又是从哪学来的话？"

"以前钟元哥给我们讲恐怖故事的时候提到过，他说这句话是一个哲学家说过的，他的名字叫做……叫做荣格……"

"看样子我哥又给你们讲了那些荒唐的故事。你真行，还能记住我哥讲的那些玩意儿。我哥哥呀，满肚子都是那些荒唐离奇的故事……"

“那又怎么样？在我心目中你哥是最帅气的男人。”

智娴露出害羞的笑容。

“什么，帅气？你是不是在暗恋我哥呀？嘻嘻！”

“没有的事儿！”

钟姬的一句玩笑，急得智娴连忙摆手否认。钟姬收起笑容正色地说：“可我有一点还是弄不明白。有些东西是我们根本意识不到的，我们又怎么能从脑海深处把它们回忆起来呢？你说是不是，有些东西我们既没有意识到，也没有记住它。不是说很多人都把不愿意回想起来的事情和可怕的事情装在‘无意识’之中吗？”

“话是这么说,可是,那些东西为什么总是出现在梦境当中呢？”

“梦是个谁都琢磨不透的东西,做完一场梦谁都说不清楚自己到底做了什么梦……不过有一点却人人一样，梦境应该是跟自己的记忆和意识有关联的大脑活动。”

“你说得没错，我也有同感。梦总是在我们睡觉的时候不知不觉地出现在我们的脑海里。梦常常让我们看到平时没有意识到的东西，有时候还会让我们实现夙愿。我总觉得梦境是我们通往无意识领域的门户。”

“你看你，又在跟我讲些虚无飘渺的东西。梦境是通往无意识领域的门户……你这话也是从我哥那里听到的，是不是？可是我觉得不完全是那么回事。”

“那，你说呢？”

“也许你妈妈真的来到你的梦境里，告诉了你某一件事情。”

钟姬在开玩笑，可话一出口她自己心里也震了一震。这句话听上去让人有点不寒而栗。

2 忘却的海洋

“哦，你的这场梦真有意思。”

听完智娴做梦的事，钟元哥哥学着老爷爷的样子捋了一下并不存在的长胡子。此时，特长竞赛活动小组的四个孩子与钟元哥哥正聚在钟姬家里。刚才智娴又讲了一遍自己的梦。

“你说我的这场梦意味着什么？”

“是啊，这场梦意味着什么呢？你说你从来没有看到过那本红色封面的影集，这是真的吗？”

“我不记得我看过。”

“嗯……你们听说过弗洛伊德这个名字吗？”

“好像是一个心理学家的名字，对不对？”

玄植不知在哪听到过这个名字。

“对，玄植说得很好。他是一位专门研究人类心理的哲学家。弗洛伊德认为不管是什么人做梦，梦的内容都大同小异。可是，弗洛伊德的弟子荣格却反对自己老师的观点，他认为因为每个人的人生经历不同，或者说因为每个人无意识领域里的内容各不相同，每个人都拥有不同的梦境。”

听到钟元哥的赞扬，玄植得意起来，打断钟元哥的话插嘴道：“对对。即使是同样内容的梦，因为做梦的人不同，其意义就完全不一样。这是因为每个人的经验和经历各不相同。”

“可是，智娴的梦又是一场特殊的梦，就是说妈妈在梦中指点的红色影集，智娴竟然在现实中找到了。这是智娴从来没有见到过的影集。也许智娴无意识中想起了早已忘却的事情……”

“可是钟元哥哥……”

刚才还得意忘形的玄植此时又露出迷惑不解的表情。

“怎么？”

“你总说无意识、无意识的，我听不明白，到底什么叫无意识？”

坐在玄植旁边一直默默无语的尚佑也有同感，向钟元哥哥请教道：“我也听不明白。无意识就是存在于我们的意识当中却无法被我们认知的意识？就像电影《化身博士》里的杰克博士和大坏蛋海德那样？”

“跟他们有点儿不一样。等一等，无意识就是……”

说着，钟元哥站起来察看了一下书架。他从书架上抽出几本书，又翻看了一会，然后只留下一本，其余的重新放回到书架上。

“既然提到了荣格，借这个机会我就给你们讲讲荣格的有关精神世界的故事吧。”

“精神世界？”

看到尚佑兴致勃勃地靠近钟元哥坐下来，钟姬也跟着凑到了哥哥的身旁。

“这是荣格说的，人类的精神是意识与无意识的集合体，其中的意识又由‘自我’和‘人格面具’组成……”

“哎哟，哥哥，一开始你就说些我们听不懂的话，你慢慢地讲给我们听好不好？精神到底是什么东西？”

“精神就是由意识和无意识组成的。”

“嗯，还有呢？”

“其中，意识又由‘自我’和‘人格面具’组成。”

“‘自我’又是什么东西？”

钟姬打断哥哥的话题，提出了自己的疑问。

“嗯，‘自我’就是我、我自己，我自己的记忆、我的想法、我的感情，我所听到的、看到的、感觉到的，所有这些东西。”

“那你刚才说的那个什么‘面具’……”

“叫做‘人格面具’。”

“对，‘人格面具’又是什么东西？”

“‘人格面具’就是我展示给人家看的自己，好比是‘自我’戴在脸上的面具。”

听到这里，孩子们不禁面面相觑，目瞪口呆。因为钟元哥哥竟然说出他们曾一起谈论过的假面！钟元哥继续解释道：“就是说呀，我的记忆、我的想法、我的感觉，也就是‘自我’，而我在别人眼中的形象就是‘人格面具’，这两个因素共同形成了我们的意识。”

“哦，你是说如果在这个意识上再加无意识就是我们的精神？”

钟姬终于听明白了哥哥的话。钟元笑一笑亲切地抚摸了一下钟姬的头发。

“钟姬也能听明白这些哲学道理？好不简单呀！”

“啊，哥哥，你在说什么啊！”

看到钟姬又要跟哥哥怄气，尚佑立刻凑上前插了一句：“意识算是听明白了，可无意识又是什么东西呢？”

尽管尚佑以插嘴的方式阻拦了钟姬对钟元哥的反击，可钟姬还是撅着嘴走出了房间。看来钟姬还是跟哥哥耍起了小脾气。可钟元并没有跟在钟姬的身后去哄她，而是继续翻着书给大家讲道：“无意识呀，实际上是说……嗯，我还是给你们看看那个东西吧。等一等，我给你们看一样很有意思的东西。”

“那是什么东西？”

玄植和智娴异口同声地问道。钟元从书桌底下翻出来一大堆的材料。不知他要找的是什么东西，在材料堆里左翻右翻地弄了半天。

“要不要我们来帮你找？”

“是啊，看来还得你们……哇，找到啦！”

钟元哥从一堆资料里找出了一只颜色已经发黄的大纸袋。

“你们想不想看？这是我刚刚考上大学的时候写下的小品剧本。”

“啊，你还会写剧本呀？我们以为你只是表演专业的学生呢。”

平时几乎不太主动发表意见的智娴惊讶地说道。钟元哥挠着头回答：“人呀，应该全面发展，该学的都要学。当时我对心理学非常感兴趣，所以剧本的内容是有关心理学的。你们先看看吧。”

就在这时，房门打开了，只见钟姬端着茶盘走进了房间。茶盘上放着饮料和饼干。原来钟姬走出房间并不是生哥哥的气，而是为了给大家准备零食。

“来，咱们边吃边谈吧！”

“嗬，钟姬呀，你可是变多了，不像以前动不动就要小脾气的钟

姬呀！”

玄植逗一下钟姬，伸手抓了一块巧克力饼干。由于手里还端着茶盘钟姬没法动手，只是狠狠地瞪了一下玄植。

“钟姬呀，你看，这是你哥哥写的剧本。”

智娴晃动着手里的剧本炫耀般地对钟姬说。钟元笑着说道：“谈不上什么剧本，只是随便写一写而已。”

“妈呀，真的吗？要不要给妈妈看看？要是妈妈知道了她会怎么说你，哥哥心里应该明白。叫你念的书不好好念，成天琢磨着这些乱七八糟的东西……”

“这有什么？你难道不知道哥哥的性格？”

“那还用说？不管别人怎么说总是我行我素。爸爸妈妈不知说了多少遍……”

“我写的这个东西呀，只有聪明孩子才能看得懂，我想你们都是班里的优秀学生，应该都能看明白。”

钟元和钟姬兄妹俩还在相互抬杠，智娴则迫不及待地翻开剧本阅读了起来。剧本并不长，也就十多页。翻开写有“忘却的海洋”几个大字的封面，里面就出现了密密麻麻的台词。钟元哥的字体非常清秀，就像他的这间卧室一样整洁、明亮。

“是个超短篇剧本，里面的角色有旅行者、修道士、青年、超凡能力者，还有一个解说员，一共五人……”

“五人？咱们这里不是正好有五个人吗？”

玄植环视一下房间里的人说道。

“啊，可不是嘛。这一次的特长竞赛我们就拿这个剧本去演小品怎么样？你说呢，钟元哥？”

尚佑也对剧本非常感兴趣，拉着钟元的胳膊问道。钟元微笑着点了一下头。钟姬紧挨在智娴的身边一起看着哥哥写的剧本。

“剧本的内容对你们小学生来说不太好理解，可是你们真要排练这个剧本，我可以帮助你们。”

钟元哥欣然答应了尚佑的请求。

“哥哥，你给我们讲一讲剧本的大概内容好吗？我看剧本是从孩子们坐在大海边开始的。”

智娴翻着剧本向钟元哥问道。

“我把无意识比喻成大海。你再翻开一页，故事就进入到深夜了。深夜，大人们来到大海边上，把白天听过的、看过的、想过的东西统统扔到大海里，把自己的记忆埋藏在无意识的海洋里。”

“啊……”

“孩子们成天在大海边玩耍。他们还小，不像大人那样离无意识那么遥远，因此他们总是在忘却的海洋边玩耍。可是，随着年龄的增长，他们逐渐远离心灵的故乡——无意识世界。他们从早到晚把自己的能量统统花费在与别人沟通、为生活打拼等琐碎又辛苦的日常生活之上。”

“可是，他们谁都不想记住白天见过和想过的东西，一到夜间就来到大海边上，把那些东西统统扔到忘却的海洋里，是这个意思吗？”

“对，就是这个意思。孩子们渐渐长大，他们逐渐忘掉在忘却的海洋边玩耍的童年时光，远远地离开忘却的海洋。可是一到夜间他们就把白天的生活体验和记忆扔到忘却的海洋里，然后在梦中与那片记忆之海亲近。”

尚佑和玄植半蹲在智娴的身后伸长脖子看着智娴手中的剧本。

“我们在清醒的状态下意识到的只是极小部分的世界。实际上，我们连自己的身体都有太多不清楚的地方。你们知道你们的腿为什么能走路吗？你们知道你们为什么能睡觉吗？还有为什么不吃饭我们的肚子就饿得慌？我们的意识所能认知的东西实在是少得可怜。和我们的意识相比，无意识是像大海一样宽广的世界。”

智娴的目光落在了第三页的台词上，剧中的四个角色同乘一只小木船渡过茫茫大海。解说员的旁白说他们在无意识的海洋里迷失了方向正四处漂流。意识的“自我”为寻找丢失在无意识海洋深处的自己正在四处漂流，就像《三千里寻母记》里儿子为寻找母亲四处漂流一样。

“这么说无意识并不是我们想象中的幽灵和鬼魂，是还没有被我们认识的自我吗？”尚佑轻声地问道。

钟元哥朝尚佑微笑道：“对。它还不是一般的自我，而是拥有庞大信息量的自我，可惜这个自我并不经常抛头露面。我们总是把自己觉得没有必要的东西扔进无意识，其中有些东西偶尔还会回到我们的意识当中，但我们一般情况下谁都察觉不到从无意识跳到意识中来的记忆，即使察觉出来了，也会马上忘掉。”

智娴拍一下手喊道：“对，它们有时还在我们睡觉的时候，在我们的梦中出来游荡！对不对？”

“是的。所以说呀，智娴你说的那本影集也许是你在很小的时候看过的东西。你虽然不记得见过那本影集，可实际上你应该见过一回，只是没有记住罢了。换句话说，你把看过影集的记忆扔到无意识的海洋里去了。可有一天那本影集突然从无意识的海洋中通过梦境回到了你的意识里，并且让你抓住了它。就像用鱼竿钓出自己扔

在大海里的某件东西一样。”

“这是不是属于超凡能力？”

“超凡能力？非要把它说成是超凡能力的话，也勉强能挂上钩。”

玄植露出了失望的表情。自己要是有一个拥有“超凡能力”的朋友，那该多么神气呀？超凡能力总比智娴“寻找丢失记忆”的能力强嘛！

“我不知道到底存不存在超凡能力，可荣格却相信无意识能够预测未来。现在我们已经离无意识的海洋太远了，我们已经很难回到无意识的海洋。顶多通过梦境偶尔得到提示而已。”

智娴无声地点了点头，她已经能够理解剧本里的旅行者为什么要乘坐小木船漂流在茫茫大海中四处寻找自我了。

3 人人拥有的超凡能力 ——无意识

剧本已经定下来了，可孩子们谁都不急着排练，而是谈论起荣格的心理学来。这不，智娴做梦的话题刚刚结束，尚佑又讲起了自己的故事。

“我跟你们说一个我们家的事。我的一个表哥去年不幸死在了美国，我的姑妈在她儿子去世的那天做了一个梦。她梦见儿子挽着自己的手在花园小径中散步。醒来以后姑妈静静地坐在床上琢磨了一阵，可是不知怎么回事越琢磨她的心情就越是沉重。这时，一缕凉风从外面透过窗户吹到她身上，她觉得有人从身后轻轻地拥抱自己，不安的心情也就慢慢地安定下来了。等姑妈镇定下来之后，发现自己已经不知不觉地流下了眼泪。她感到非常蹊跷，立刻拿起电话往美国表哥那里打过去了，结果在电话里得知了表哥就在几分钟前去世的消息。对方考虑到那个时候韩国正好是凌晨，本想等到韩国天

亮以后再告诉家属。事情过了好长时间以后姑妈才跟我们说了这样一句话：表哥原本就是一个善良的孩子，所以离开人世以后他没有直接去天堂，而是先到姑妈这里来再见妈妈一面。”

孩子们一开始都以为尚佑要讲一个阴森恐怖的鬼故事，可听完尚佑的故事以后大家都沉浸在肃穆的气氛之中。听着尚佑讲的故事，智娴似乎想起了自己的妈妈，她的眼眶里噙满了泪水。看到气氛有点过于低沉，玄植转移了话题，讲起自己听过的故事。

“我也听说过跟你们讲的那些很相似的故事，现在我讲给你们听听。这是我奶奶很久以前给我讲过的故事。由于爷爷的工作关系，‘6·25战争’（很久以前发生在朝鲜半岛上的一场内战，中国称之为朝鲜战争——译者注）爆发前夕我爷爷和奶奶住在三八线（北纬38度线，即现今朝鲜和韩国之间的军事分界线——译者注）附近。可是就在战争爆发前几个月，奶奶连续做了几场同样的梦，梦见手持镰刀满身是血的农民朝她扑过来……”

“哇，吓死我啦！”

“啊，我的头发都竖起来了。好吓人哟！”

钟姬和智娴各自抱住双臂蜷缩身子。

“可奇怪的是做这样的梦的不止是我奶奶一个人，当时村里的很多人都做了类似的梦。村里的老人们都说这是一个很不吉利的梦，是不祥之兆。果然不出所料，某一天突然爆发了战争，那一天正是六月二十五日。”

钟姬不禁倒吸一口冷气。

“你们说我奶奶的梦是不是无意中预测了战争即将爆发？”

“哇，别再说了，我都吓得喘不过气来了……”

“我觉得这就是我奶奶在潜意识中预见了未来。”听到钟姬颤抖的声音，玄植接着说道。

“我想这种梦也是从无意识中产生的。虽然并没有意识到，可人们却在潜意识中已经感觉到了战争的不祥之兆。”

听着智娴沉稳的解释，钟姬奇怪地盯着智娴的眼睛问道：“你说的这话也是我哥哥教给你的吧？”

“对，这是钟元哥说过的。”

“我真纳闷儿，你怎么会记住那么多难懂的话？说实在的，我哥哥说的那些有关心理学的东西，我一句也听不明白。”

钟姬从来都把哥哥的话当成耳旁风，没有放在心上。因为哥哥说的都是很难听懂的话。反倒是智娴更能跟钟元谈得来。所以平时只要钟元和智娴认真地谈起什么事情，钟姬就气呼呼地站起来独自去客厅里看电视。

听完尚佑和玄植讲的故事，钟元哥似乎已经想好了什么，开口说道：“荣格的心理学理论中有一个叫做‘共时性’的概念。”

“你看看，我哥哥又在说听不懂的话了不是？”

钟姬又撅着嘴嘟囔起来了。可这次她没有走出房间到客厅去看电视，而是抓起一片巧克力饼干放在了嘴里。智娴眨巴一下眼睛问道：“什么叫‘共时性’？”

“嗯，第一是自己的心境与外部世界发生的事情相一致，也就是说偶然的巧合，智娴做的梦就是属于这一类。智娴在梦中看到的红色影集果真存在于现实之中；第二是自己的心境与隔着很长距离的地方发生的事情相一致，就像尚佑说得那样，姑妈梦中知道儿子死在了遥远的美国；第三是自己的心境与世界上某一个地方发生的大

事件相一致，玄植的奶奶做梦预测战争就是属于这一类。”

“啊，原来这不是鬼呀幽灵呀之类的东西作怪的结果，而是无意识作用的结果呀？无意识还能有预见未来的超凡能力？”这一次，钟姬放下手中的巧克力饼干向哥哥提问了。

“是啊，荣格的一位患者也做过像玄植的奶奶那样的梦。那个患者在第二次世界大战爆发前夕做了一个梦，他梦见一只野兽从地狱里逃出来扑向我们人类。你们知道什么是野兽吧？对，就是《美女与野兽》里的那种恐怖的怪物。这个可怕的野兽正是象征着引发第二次世界大战的罪魁祸首希特勒，患者的梦境也猜中了第二次世界大战的惨状。你们说奇怪不奇怪？”

“表演系的人没说哥哥你像希特勒？”

“我要是希特勒，你就是希特勒的妹妹了，很光荣吗？呵呵！”

看到钟姬自讨没趣，大家不禁笑了起来。

“在荣格的身边还发生过这么一件事情。有一天荣格在饭店里休息，突然他感觉脑袋像炸裂般地疼痛起来。后来，他才知道就在他脑袋疼痛的时候，一位患者往自己头上开了一枪自杀了。更不可思议的是荣格感到疼痛的部位正好是那个患者自杀时开枪击中的部位。”

“啊，你快别往下说了！快给我打住！”

钟姬把自己的头埋入智娴的怀里叫喊道，玄植嘿嘿地笑着说：“好哇，以后要对付钟姬，就拿鬼故事来吓唬她！”

“哥哥，你也真是的，一讲故事总是讲那些神秘兮兮的东西，叫我晚上连觉都睡不好……”

“今天回家以后我要查一下释梦网页。”

玄植看一眼钟姬自言自语般说道。智娴用牙签扎着茶盘里剩下的几片苹果说道："我不相信释梦之类的东西。"

"为什么？"

钟姬睁大眼睛问智娴。

"如果我和尚佑同时做了同样的梦，比如说梦中我们俩都在温暖的春天走在花香芬芳的山间小路上。这个梦对尚佑来说是非常美好的梦，可对我来说却是一场噩梦。"

"鸟语花香的山路怎么能说是噩梦呢？"

玄植歪着脑袋不解地问。钟姬与尚佑也不停地眨巴眼睛，听不懂智娴在说什么。

"一到春天我就犯鼻炎，连喘气都感到困难。只要闻到花香味，不到几秒钟我的鼻孔就会彻底堵塞，开始流鼻涕打喷嚏。我甚至对香水味道也过敏。对我来说三月份和四月份简直是地狱般的季节。我犯病的时候往往吃不下睡不着，体重明显下降。因此说，走在春天花香扑鼻的山路上，对我来说是最大的噩梦。"

"真的吗？那意思是对尚佑来说罗曼蒂克的梦境对你来说是一场噩梦？"

"对，虽然是同样的梦境，可由于每个人的意志和经历不同，所以梦境赋予他们的意义也就不同了。"

智娴点着头煞有介事地说道，玄植笑了一声。

"这么说我在释梦网页上查寻'春天的散步'，对你们来说也没有什么帮助？"

"看样子释梦不过如此。如果不了解做梦者本人，那就无法解释他的梦到底意味着什么。"

钟姬也咯咯地笑着，给智娴的话添了一句。

“对呀。我曾经被狗咬过，所以梦中见狗对我来说就是噩梦，可一般人并不觉得是噩梦。对不对？”

“哈哈，确实是这么回事。”

尚佑也笑了起来。

“人们老是说自己的心自己最清楚，可是这么看来我们的内心深处还有我们没有认知的地方，就是说我还没有彻底了解我自己。”

玄植说了一句似懂非懂的话。

“什么，不了解自己？”

“不是吗？我们并不知道自己为什么要做那样的梦。你们不觉得奇怪吗？明明是‘我自己’，可就是不知道‘我自己’是谁。”

“哦……”

大家陷入了沉默。静静地听完孩子们的议论，钟元哥看了一下手表对大家说：“好啦，荣格的心理学我们就谈到这里。剧本已经定下来了，我们还得选定角色呀？我们现在就开始吧，要不时间来不及了。”

钟元哥的口气变得严肃了，孩子们立刻讨论起了有关小品角色的话题。

意识与无意识的区别

要想正确理解荣格讲的无意识，我们有必要首先了解一下意识与无意识的区别。可以说，意识与无意识最大的区别就是“自行认知”和“非自行认知”。

看到旁边有人就自觉地检点自己的行为，知道天气变冷就自觉添加衣物，这些都是精神意识的活动。人类的意识指的是能够记住和判断自己的感情和想法，并能够把这一感情和判断付诸行动的整个精神活动领域。人们的意识活动并不是机械性的，而是能动的，是自觉的。要说机械性认知，机器人也同样能够认知简单的事物。可机器人毕竟是人类制造的，因此它所认知的，实际上只是人类事先给它输入的认知程序，而不是自觉认知。机器人是没有意识的机器。

无意识不是指像机器或者机器人那样没有任何意识的物体。无意识是存在于人类精神中，与“自行认知”不同的另一个“附加”的精神领域。但是它并不是根本没有自觉认知能力的精神，而只是“不可能自行认知”的精神领域。因此说，机器人是个连无意识都不具备的存在。

荣格与弗洛伊德对无意识的观点分歧

要想更好地理解荣格说的无意识，还要对比看一下弗洛伊德的无意识概念。无意识时而出现在睡梦中，时而出现在催眠或醉酒的朦胧状态下。有时一不小心说漏嘴，无意识也会暴露出来。弗洛伊德认为人类的精神世界里存在着既支配我们，又没有被我们认知的无意识领域，对此荣格并无异议。

弗洛伊德和荣格的分歧产生在对意识和无意识关系的解释之上。弗洛伊德认为当人类的各种欲望受到压抑，便会潜藏在意识之下成为无意识。人类的无意识大凡由他本人过去经历过的事实构成，它为了躲避自我的监视潜藏在意识之下，被人们强制性地遗忘而已。

可荣格则主张没有被本人所经历过的事情也属于无意识范畴。弗洛伊德曾告诫自己的弟子说，如果把没有经过自己的精神分析学验证的因素包含在无意识范畴中加以研究，就很有可能陷入神秘主义的歧途。然而，荣格却认为弗洛伊德的无意识理论还有很多不足之处，需要进一步修正和完善。

据此，荣格提出了无意识之内还存在着“个体无意识”与“集体无意识”两种形态的观点。荣格说的个体无意识就是弗洛伊德主张的立足于个人经验的无意识。像歇斯底里之类的

一般性的神经症状，就是存在于无意识中，长期受到压抑而扭曲了的个人欲望一时支配人类思维的现象。因此，这些神经性症状是完全可以通过精神分析进行治疗的。

可是当自我完全崩溃的条件下产生的精神分裂症、记忆幻觉、凭依（鬼魂附身——译者注）等灵异现象却是在与个体经验没有任何关联的情况下产生的无意识。荣格认为这种无意识并非产生于受到压抑的某种个体欲望，而是来源于与个体欲望无关的其他因素。于是，荣格超越弗洛伊德的经验科学，试图解释这一类型的无意识。经过对世界历史、宗教、哲学、神话等诸多领域的研究，荣格最终发现了集体无意识。

按照荣格的理论，无意识不仅包括个人亲身经验的出于本能的欲望，也包括人类自古以来便共同拥有的本性（人类固有的性质）。荣格把这些与个人的经验没有关联、产生于人类共有本性的无意识叫做集体无意识或普遍无意识。就像弗洛伊德关注梦境一样，荣格也非常注重梦境，并把梦境视为发现两种无意识的重要依据。因此，释梦对荣格来说也是一个重要的研究手段。

荣格无意识概念的成就

荣格不仅继承和发扬了弗洛伊德的无意识理论，而且把这一理论变得更加丰满、完善。荣格的理论为我们开拓了重新解释精神分裂症和特异功能的途径。不仅如此，荣格无意识的概念还使现代心理学超越个人的范畴，波及到了集体心理、社会心理的广阔领域。就是在对待个人心理问题上，荣格的理论也并没有停留于通过某一个人的欲望去把握和治疗精神疾病的阶段，而是把握人类所共同拥有的固有的本性对人们的心理进行分类，为我们提供了宝贵的心理学研究依据。

形成集体无意识概念的基础是人类共有的“固有本性”，而这个人类的“固有本性”又是与我们东方哲学中所谓的“本然之性”相辅相成的概念。中国古代的《周易》对西方人来说是非常难理解的哲学系统，可荣格却以惊人的毅力不懈探索这古老的东方哲学，为东西方的思想交流做出了巨大的贡献。

三

精神障碍——心理情结

我不同意弗洛伊德把情结仅仅局限于两性纠葛之上的观点。情结是心理生命的核心，是人类的感情、知觉、夙愿等心理活动的原型。

——荣格

1 无意识游戏第一场：公主与骑士

“咱们还是先背台词吧，如果背不下台词就谈不上什么排练。”

尚佑提出了建议。

“不对，台词在反复的排练中就能自然而然地背下来，关键的问题是逼真的动作。”

玄植反驳尚佑的建议。

“你呀，真是个饭桶。不背台词怎么练习动作？你的脑袋瓜子是怎么长的？我看你学习成绩上不去，就是因为脑袋太笨。”

“什么，你小子敢说我是饭桶？”

玄植怒气冲天地站了起来。

“你们俩就别吵架了，有表演专家钟元哥在这里，我们去问问他不就得啦？”

看到两个男孩儿像两只斗鸡一样对峙着，智娴摇着头说道。钟姬也一时拿不定主意。围绕着排练的事情孩子们各持己见，嚷嚷个没完。见状，钟元哥不禁叹了一口气。这样下去怎么排练呀？时间已经很晚了，照这样下去根本无法开始排练。

“好啦，大家别再嚷嚷了。你们这样嚷嚷，这个节目就没法练下去了。现在大家好好听我的话！”

经钟元哥这么一说，孩子们才停止了争吵，围坐在钟元哥的身旁。看来尚佑那句“你学习成绩上不去，就是因为脑袋太笨”委实刺伤了玄植的自尊心，玄植仍在怒视着尚佑。玄植心想：如果自己先动手等于承认尚佑的话是事实。因此他还是忍住了。

“明天放学以后再到这里来集合好不好？我有办法让你们不用吵架也能理解清楚。”

“那是什么办法呀？”

“游戏。”

智娴的眼睛突然发亮了。

第二天放学以后，孩子们重新聚在了钟姬家里。大家早已忘掉昨天的争吵，都在猜测钟元哥说的游戏到底是什么意思。

“都到齐了吗？咦，今天怎么多了一个人？”

“是，她是我们班的班长李蓝蓝。”

玄植像大人似的给钟元哥介绍了蓝蓝。钟姬和智娴都用带点忌妒的目光望着蓝蓝，可蓝蓝却表现得根本无所谓。钟元哥说多一个人也行，便开始给孩子们讲解今天游戏的内容。

“你们把今天的这场游戏当成是剧本里的海洋就可以了。我们同乘一条船向大海撒下渔网。无意识是个很难找到的东西，所以我们要采取特殊的方法。”

“我们究竟是要找什么？”

蓝蓝可能没听清楚，有点疑惑地问道。

“都告诉你了是无意识，你还问什么？”

钟姬没好气地说道。虽然嘴上不承认，可钟姬她们从心底里羡慕忌妒蓝蓝。钟姬心里恨透了玄植：臭小子，竟敢擅自把蓝蓝带到我们的活动小组来！

说好“试验”一个星期的玄植小子至今还在假装优秀生的模样，在蓝蓝面前毕恭毕敬，叫钟姬她们看得好不恶心。看玄植小子的意思，今后还要天天带着蓝蓝到这里来。这可怎么办，一两次也就罢了，时间长了，钟姬肯定要爆发的。

“什么，无意识……哇，好神奇呀！”

蓝蓝高兴得连连拍手。

“你看看，我说的一点没错吧？到这里来肯定会有让你觉得新奇的事情。”

玄植也跟着蓝蓝兴奋得手舞足蹈，钟姬充满敌意的目光再次投向了玄植的身上。

“首先从自己的梦境说起。或者画画，或者讲故事，从中寻找自己也不知道的自我面目。”

“哇，好有意思！”

看来玄植真的对蓝蓝有好感！你看看，面对一无所知的蓝蓝，玄植正在讨好般地解释钟元哥说的有关无意识方面的理论呢。玄植这小子一开始什么都听不懂，后来也许是暗地里又看了一些书，现在正煞有介事地给蓝蓝讲解呢。玄植的这一举动能看成是“试验”吗？

钟元哥从自己的书桌里翻出铅笔和纸张分给了每一个孩子。接着，他把好几个纸条放入棒球头盔里搅和一阵之后取出了其中的一个。那是他事先准备好的试题。

“一位骑士为了救出公主闯进了一片寂静的森林。骑士长的什么模样呢？他又是什么人呢？骑士为什么要救出公主呢？我给大家十五分钟的时间，请大家说出各自的想法。好，现在开始！”

钟元哥念完题，孩子们开始低下头写下各自的答案。擅长画画的尚佑在纸张上画起了骑士的形象。十五分钟过去了，钟元哥立刻叫停道：“好啦，时间到！现在从尚佑开始回答问题。”

尚佑第一个站起来给大家亮出了自己画的骑士图案，他笔下的骑士个头很高，但非常瘦弱，奇怪的是骑士手里并没有握着大刀和弓箭，而是手握一把短刀和斧子。

“我画这幅画的意思是这样的。我是一个从来没有打过架的孩子，所以在我想象中的英雄并不是力大无穷的大力士。骑士到森林里寻找公主其实也不是为了杀敌救美，而只是为了解开心里的疑问。就是说骑士很想知道森林里到底有没有公主。也许这是出于我好问好学，有什么不懂的地方立刻就想弄明白的性格吧。我是一个好奇心很强的孩子，因此看完一本书总是梦想在故事的背景中再寻找和挖掘出什么有意思的东西。”

“好啊，回答得非常圆满，我没什么可说的。对自我的分析非常透彻。”

钟元哥对尚佑的回答感到十分满意，就连补充意见都没有提出来。钟姬欲言又止，重新看了看自己写的，然后用手捂住了答卷。看来她觉得自己的答案与尚佑的相差甚远。看到钟姬的这一举动，智娴会意地站起来说道：“下面我来讲一讲我的想法。尚佑画的是短刀和小斧子，可我的骑士却挎着一把大刀。我觉得像骑士那样骁勇善战的人就应该拿一把大刀。至于为什么，我就说不清楚了。我

的想法是不是有点过于呆板呢？”

“这也可以说是你无意识的影子嘛，继续说下去。”

“骑士去找公主是因为骑士早已认识公主。虽然在童话里她是一个沉睡百年的公主，可是骑士冒着极大的危险闯进森林，仅仅是为了寻找睡美人吗？我想公主也许是骑士的妹妹，也就是说哥哥历尽千难万险去解救长期被监禁的妹妹，而这一动人的故事最终演变成了骑士在森林里救出公主的故事。”

“嗯，听起来还蛮有意思的嘛。”

玄植装出一副大人的样子嘀咕道。

“还有，我想骑士闯进森林的时候肯定会带着他的兄弟姐妹一起去的。只一个人进树林是不是有点孤单？”

听完智娴的发言，钟元哥简短地做了点评：“看来智娴是个以家庭为中心的孩子，这也许是因为妈妈给你留下了太深的印象。”

大家都为钟元哥的评语点了点头。这时，班长蓝蓝红着脸站起来了。

“听完你们很有哲理的发言，我觉得自己简直太肤浅了。我的回答是，因为公主是世上最美丽的女孩子，所以骑士前去营救公主。正因为公主长得漂亮，骑士才冒着危险去营救她。我这是外貌至上的表现，对不对哥哥？”

钟元哥回答说：“我觉得与其说是外貌至上，不如说是爱美之心。俗话说，爱美之心人皆有之，可能你的爱美之心比别人强烈。”

“啊，对啦。还有，我觉得骑士闯进树林肯定带着很多部下。部下在前面披荆斩棘负责打开前进的道路，骑士挥舞手中的长剑负责斩下妖魔鬼怪的脑袋。在我的心目中，骑士是一个专门消灭妖魔鬼怪的英雄，而部下则是辅助骑士降妖伏魔的帮手。我在家里总使唤我的弟弟，所以他对我总是不满……咳，我觉得很对不住他。”

这话算是说对了，蓝蓝不仅使唤自己的弟弟，在班里也总以班长的身份动不动就向孩子们发号施令，钟姬她们早已对这个班长有所不满。然而看到蓝蓝正在叹着气反省自己，钟姬和智娴也就没有再说什么。

“嗯，蓝蓝，我想的也跟你差不多。要说有区别，你心目中的骑士是一个身强力壮、虎背熊腰的大力士。可我的骑士是一个从来不会带兵打仗的傻骑士。还有，我的这个骑士实际上是从别的国家来的一个铁匠。一个铁匠穿上自家的铁甲，拿着自家的大刀来到这里，人们都以为他就是传说中的骑士。他虽然是乡下的铁匠，可他的确是一个身手不凡的人，是能够救出公主的勇敢的男人。”

看到玄植站在自己一边，蓝蓝露出了灿烂的笑脸。看来他们两个之间真的挺默契。难道这两个人真是心有灵犀？

“我看玄植正在跟大家证明‘我现在的一举一动并不是真实的我’。你们说对不对？”

“哈哈，回答正确！”

尚佑拍一下自己的大腿喊了一声，钟姬和智娴也跟着咯咯笑了起来。只有蓝蓝一个人蒙在鼓里，迷惑不解地望着大家。

“钟姬，你是怎么写的？”

钟元瞥一眼钟姬手中的答卷问道。钟姬挠着头嘀咕道：“我的无意识到底是什么我也弄不清楚。我答案中的骑士是公主经常在梦中见到的男子，公主足足等了他一百年，可以说这是命运的安排。上天不负公主的期待，出现在她面前的果然是她等待了一百年的那个

骑士。没有被公主看中的其他骑士早已被树林里的妖魔鬼怪吃掉了，最后只有公主心中的这个骑士一路过关斩将来到了公主沉睡的树林城堡。你们说我的这个想法意味着什么？”

蓝蓝和玄植、智娴、尚佑都陷入了沉思。沉默了一会儿，钟元哥开口道：“我看钟姬有什么说不出的心愿，她在等待实现自己心愿的时机。钟姬的这个心愿不是偶然间形成的，也就是说，钟姬意识中的所有事情都是有它自己的目的、有它自己产生的原因的。”

“哦……”

钟姬不知不觉地点了点头。虽然没有完全听明白，可她觉得哥哥的话还是有一定的道理。

“因此，对钟姬来说最重要的是了解整个事件的来龙去脉，她的注意力并没有放在公主长得什么模样呀，骑士有多么威武呀之类的外在表象上……”

“哇，我看钟姬的答案是最准确的！”

智娴望着钟元哥鼓起掌来了。

“嘿，真是越来越有意思。看起来是个很简单的游戏，可是我从这里学到了很多以前连想都没有想过的东西。玄植，谢谢你把我带来。”

经蓝蓝这么一说，玄植低下头不好意思地笑了笑。看着玄植的憨态，钟姬和智娴咯咯地笑出声来了。

“你要是喜欢我们小组的活动，随时可以过来的。”

不知怎么回事，钟姬突然向蓝蓝发出了邀请。大家都向钟姬投去疑惑的目光。可钟姬并不理睬，只是朝尚佑露出了一丝微笑。蓝蓝轻声问玄植：“刚才钟元哥点评智娴的故事时说过一句什么无意识的影子，你知道什么叫做无意识的影子吗？”

说完，蓝蓝用期待的目光望着玄植的眼睛。玄植真想给蓝蓝好好解释一番，可是凭自己的笨嘴笨舌又无法说清楚，急得他直挠头。还是钟元哥替玄植解了围：“啊，蓝蓝在问无意识对不对？无意识是我们谁都不清楚的意识，如果让我们知道了，那不就成了意识吗？正因为我们不知道才会出现问题。比如说，有一个小男孩儿从小特别怕小虫子，可有一天妈妈向他大发雷霆说你一个小男孩儿怕什么虫子。小男孩儿长大以后忘掉了这桩事，可是由于被妈妈训斥的记忆仍然存在于无意识之中，所以在他的潜意识里总有一个‘作为一个男孩儿怕小虫子真有点儿说不过去’的观念。”

“噢，所以他长大以后很瞧不起怕小虫子的男孩儿，对不对？”

蓝蓝还是很聪明的。

“对啦。原先害怕小虫子的正是他自己，可是他并不知道自己过去的毛病，现在反而瞧不起怕虫子的孩子。”

“哇，这么说如果我们每个人都能认知自己的无意识，那么就不会出现嘲笑别人的现象喽？”

“蓝蓝越说越正确。如果我们能把无意识拉到意识中来，那么我们就可以治愈因无意识而造成的心理伤痕。荣格就是这么说的。”

蓝蓝越学越有意思，拉着玄植的胳膊兴奋地说：“真的谢谢你把我带到你们小组！你们这个小组的活动太有意思啦！”

为蓝蓝解释的是钟元哥，可蓝蓝却向玄植道谢，钟姬和智娴真有点哭笑不得。看到玄植又咧着嘴憨笑，钟姬朝智娴挤了一下眼睛。

“钟元哥，还有没有什么更有意思的游戏？我也觉得这个游戏太好玩了。”

“嗯，要说更有意思的游戏嘛……”

“对呀，钟元哥，你快告诉我们别的游戏！”

智娴也拉住钟元哥的手催促道。钟元哥再次捋了一下想象中的长胡子，然后说道：“当然有啦。”

“那是什么游戏？”

孩子们都瞪大眼睛望着钟元哥。

“梦。如果你们今天不吵架好好排练剧本，明天我就拿梦境让你们玩一场更有意思的游戏。”

“真的吗？”

智娴兴奋得又鼓起掌来了。

“我让你们玩游戏是有条件的，那就是先完成老师交给的任务，好好排练剧本！”

钟元哥的这一提议使孩子们满怀期盼等待明天的到来。

你们猜钟姬她们能不能圆满地完成排练任务，转入有关梦境的游戏呢？明天的游戏中还会有什么重大发现吗？

2 无意识游戏第二场：追踪梦境

“感谢同学们聚在这里。”

钟元哥开玩笑似的向孩子们打了一声招呼，孩子们围坐在钟姬家的饭桌前发出了会心的笑声。几天来，孩子们按照钟元哥的话相互理解、相互帮助，认真排练节目，眼下排练进展顺利，孩子们的情绪也十分高涨。

“这里有巧克力饼干和橙汁，可是，要吃这些东西还要付出一定的代价，那就是每个人都要说出自己做过的最有意思的梦。听明白没有？”

钟元哥的话音还没有落地，玄植就拿起一块巧克力饼干飞快地扔进自己的嘴巴。

“既然玄植先吃了一块饼干，那么就由他先来谈一谈自己的梦吧。”

玄植连忙咽下巧克力饼干，然后若无其事地闭上眼睛打了一个哈欠。

“哈——！好困呀！”

“你小子想耍赖！”

蓝蓝抓住玄植的胳膊狠狠地掐了一下，玄植立刻叫喊着跳了起来。

“哎哟，疼死我啦！好好，我这就讲，这就讲。”

“好啦，大家安静一下。咱们听听玄植都做过哪些有意思的梦。”

这是星期六晚上八点多钟。钟姬家里所有的灯都关掉了，整个屋里只有饭桌上点着两支蜡烛。气氛有些阴森可怖，智娴紧紧地靠在钟姬身上。

“我做的是跟上回讲的骑士闯进树林救出公主的故事很相似的梦。”

“咦，我也做过那样的梦呀！”

蓝蓝突然插了一句。智娴竖起食指放在嘴边朝蓝蓝发出一声“嘘”，因为钟元哥已经定了规矩，别人发言的时候其他人不许吱声。

“对不起。”

“我梦中的公主没有睡在树林里，而是被囚禁在电影《魔戒》中的城堡顶上，她的头发特别长。从梦中醒来好好回想一下，原来我做的是格林童话《莴苣姑娘》的梦。被囚禁在城堡顶上的莴苣姑娘把她的长头发往城堡下面一垂，王子就抓住她的头发爬到城堡顶上救出了自己心爱的公主。”

智娴、钟姬和蓝蓝都会意地点了点头，因为《莴苣姑娘》是所有女孩子都知道的童话。

“城堡外面正在打仗，可奇怪的是战场上看不到奥克（《魔戒》系列中邪恶势力的爪牙，又叫‘半兽人’——译者注）的影子，没有奥克，双方打起来也没什么意思。”

“哦……”

钟元哥也点了一下头。

“还有一个奇怪的地方。我从来没有想过我们会输给对方，因为我的个头和我的刀比他们的要大得多。我觉得我的个头比他们大，所以我的力气也比他们大得多。为什么会这么想，我也不清楚。也许我身后有我哥哥做后盾。我哥哥比我大三岁，他的个头比我高得多，力气也比我大得多，所以我永远赢不过哥哥。我弟弟比我小，所以我跟弟弟吵嘴总是占上风。我也知道个头大不一定就能打过人家，可我从小就是这么长大的，所以……”

“我的故事讲完了。”

“玄植在无意识中用力气来给人分级排序。”

玄植讲完了自己的故事，蓝蓝用期盼的目光盯着钟元哥，那意思是说下一个该我讲了。

“好，现在蓝蓝再给大家讲讲看。”

“我也做了森林公主的梦。可是也许我有意改变了‘公主应该漂亮’的看法，这次梦见的公主长得非常丑陋。从梦中醒来仔细想一想，原来那个公主长得像我的小姑姑。妈妈总拿小姑姑逗乐，说她长得太难看，不知以后什么样的小伙子会娶她做媳妇。我妈妈经常说这样的话，某某家的姑娘长得特别漂亮嫁了一个很有钱的男人，某某家的闺女出落得特别水灵有多少小伙子正在追她……还有，妈妈说有钱人的闺女因为舍得花钱打扮自己，所以看上去她们都是很漂亮的。”

“这是错误的想法。”

“是，我也知道这是错误的。如果说玄植用‘力气’来给人分级排序，那么我是用‘外貌’在分级排序。看来我真的有以貌取人的倾向啊。这是我今后要改正的地方，对不对？”

大家都对蓝蓝的话点头表示赞同，不知从什么时候开始，蓝蓝已经成了能对大家敞开心扉的知心朋友。

“哦，还有……”

蓝蓝还没有说完。

“嗯？还有什么？”

“像这样互相谈论、分析各自的梦境，我觉得对了解自己有很大的帮助。我现在已经开始写日记了，我想写日记也是了解自己的一个好方法。”

钟元用满脸的笑意肯定了蓝蓝的观点，然后他的目光落在了智娴身上。

“来，智娴你接着说。”

“我又梦见我妈妈了。”

“啊，你妈妈……她，她又来到了你的梦里？”

智娴还没有讲完，钟姬就已经吓得失声惊叫起来。

“嗯，可这次妈妈的模样好像是她小时候的样子。梦中的妈妈看上去也就我这个年龄，扎着两个小辫子正在上学呢。”

“可是你怎么知道那是你妈妈？”

“我就是能够认得出来。梦里我和妈妈一起上学，我们还看到爸爸变成我们的老师站在学校门口，哥哥也在向我们招手要我们快点过去。我经常梦见妈妈，可是妈妈的这种形象还是头一回看到。看来我是太想念妈妈了，我在梦里经常看见我们家里的人。”

“我可是从来不做家里人的梦。我们家天天闹哄哄的，我实在是厌烦家里这样的气氛。”

钟姬发了一通牢骚，她的家像一个大车店，南来北往的亲戚朋

友路过都要到钟姬家里来歇一歇，因此钟姬一家几乎没有一天安静的日子。

“是啊，智娴做那样的梦，就是因为她太思念自己的妈妈了。智娴盼望妈妈重归自己身边，可这是永远不可能实现的梦想，于是智娴的妈妈以同龄孩子的模样来到智娴的梦境里，好让智娴一解对妈妈的思念之情。”

智娴点头赞同钟元哥的意见。

钟元哥继续说道：“你天天上学，而放学以后又上课外辅导班，这样你在平时很少有机会能跟爸爸和哥哥交流，也很少见到爸爸和哥哥的面。如果爸爸和哥哥都是你在学校的朋友，那你不就时时刻刻都能看到他们了吗？哈哈。这么看来，智娴经常在梦里祈盼着什么，或者说是心中怀着很多的‘希望’。”

“是的，我觉得我就是这样的一个孩子。”

现在轮到尚佑来描述自己的梦境了。大家早已发现今天尚佑的表情特别深沉，始终默默地听着大家的谈论。察觉到大家的目光投在自己身上，尚佑长长地叹息了一声。

“尚佑，你干吗唉声叹气呀？你要讲什么深沉的话题吗？”

钟姬的一句玩笑让尚佑的脸一下子红到了耳根。

“不，谈不上什么深沉，只是……只是我做的梦有点复杂，叫我理不出头绪来。在梦里，我当上了一个小国的国王……”

“哈哈，你在梦里当上了国王？好哇，你小子自己做着国王的梦，还说我犯有王子病？”

玄植急着嘲笑尚佑。钟姬狠狠地瞪了他一眼，吓得他赶紧闭上了嘴。

“我在梦里变成国王这并不重要，问题是我的国家里发生了一场叛乱。后来叛军首领被我的部下抓起来押送到我面前，可没想到那个叛军首领跪在我的脚下诉苦，字字句句说得那么真切、在理。他说管理他那个地方的官吏十分残暴，不仅霸占村里所有的地产，还横征暴敛弄得很多人家破人亡。虽然我通过别人的暗中举报也多少察觉到了这一点，可为时已晚。按照我这个国家的法律应该处死叛军首领，可是仔细想想要是我遇到那样的压迫也会忍无可忍，揭竿而起的。想到这里我实在不忍心处死他。可是，如果我不处死这个叛军首领今后还不知会有多少人起来造反……”

“嘿，这个梦可真像哲学家的梦呀！”

钟姬的眼睛在闪闪发光。

“这虽然是一场梦，可你们不知道当时的情况叫我多么为难！”

“从尚佑的梦境看，尚佑是个喜欢换位思考的孩子，他总是先为别人考虑。遇到情况先考虑人家的处境之后才决定自己该怎么做，看来这就是尚佑一贯的作法。”

听到钟元哥的解释，尚佑又添了一句：“平时我爸爸妈妈总跟我说‘对这个事情你是怎么考虑的？’‘如果尚佑是那个人，尚佑该怎么办呢？’所以遇到事情我总是站在别人的立场上去思考，人家心里的想法我也想知道。姐姐甚至对我说：‘你小子心里有神的情结’。”

“啊，神的情结？我倒是听说过‘拿破仑情结’，可‘神的情结’还是头一回听说。”

玄植对尚佑的话题突然产生了兴趣。

“嗯，我以前也做过这样的梦，当时梦醒之后我好几天都打不起精神来呢。”

“你怎么没有‘拿破仑情结’呢？我看你的个头也就拿破仑那

么高？”

这一下钟姬终于发作了。她指着玄植的鼻子说道：“玄植，你倒是说清楚！到底谁的个头矮？我就看不出你的个头比尚佑高多少！”

“我的个头怎么啦？哼，告诉你，我的个头跟尚佑比起来，至少要高出十公分！”

“好啦好啦，别再嚷嚷了。”

钟元哥立刻挥手制止了钟姬和玄植的争吵。

“情结也是荣格心理学的重要内容。对吧，钟元哥？”

大家的目光集中在了智娴身上。钟元哥点头同意，智娴也露出了满意的笑容。这段时间以来，智娴一有空就向钟元哥问这问那，看来智娴已经掌握了不少关于荣格心理学的知识。

“房间里太暗了，我有点害怕。哥，咱们还是打开电灯吧。”

钟姬缩着脑袋向哥哥请求道。

“不要，从现在开始我们每个人再讲一段鬼故事！”

看来玄植是铁了心要跟钟姬对着干！结果，今天关于梦境的话题最终转到了鬼故事上，钟姬捂着耳朵嚷嚷几句之后索性逃到自己的房间去了。

3 情结的种类

“真是无聊死了！”

“什么嘛,学校里已经没剩多少人了,还叫我们看书,简直要命！”

下午两点，正是孩子们揉着疲倦的眼睛开始上课的时间，可蓝蓝她们班的孩子们却嚷嚷个不停。原来今天因为病毒性流行感冒再加上红眼病，学校里已经有四位老师请假没来上班，班里的同学也有十多个缺席。由于蓝蓝她们班的班主任也因病请假，只好由隔壁班的班主任老师来回巡视三个班，监督孩子们自学。于是，老师刚一出去教室里就像炸开的油锅一样喧闹不已。

“同学们——！”

班长蓝蓝面露亲切的微笑站在了讲台上。刚才还在嘟嘟囔囔的孩子们怕被班长记下名字,立刻老老实实地回到自己的位置坐下来,装模作样看起书来了。蓝蓝再次笑了笑，朝大家说道：“利用这个时间我们大家一起玩一个游戏好不好？”

“你会和我们玩游戏？”

勇镇用挑战的口气质问蓝蓝，而蓝蓝仍然笑盈盈地看着勇镇说道：“我这个游戏叫做真实游戏。怎么样，想不想玩？”

“哈，我们的班长今天怎么回事？突然发善心啦？”

班里的同学们都在嘀咕着，可是看蓝蓝的表情却不像是跟大家开玩笑。于是有人问道：“什么叫真实游戏？怎么玩？”

“如果大家都想玩，我就告诉你们游戏的玩法。想玩的同学请举手！”

玄植第一个举起了手。其他同学互相看了看，也一个个地举起了手。

“好，大家都同意参加。告诉大家，这是我发明的游戏，因此大家一定要听从我的指挥。”

“你就快点儿告诉我们游戏的玩法吧！”

看到坐在后排的同学们着急，蓝蓝倒背双手来回踱步，故意用缓慢的口气说道：“嗯，我们要玩的是寻找情结的游戏。”

“寻找情结？”

看来勇镇也动心了，他的口气里没有了挑衅的意味。惠珍歪着脑袋举了一只手。

“什么叫情结？是不是我们心情不好的时候说的那个情结呀？”

“简单地说，情结就是我们每个人心中的一块心病。比如说，我们有一个好朋友弹钢琴弹得很棒，这时如果我并不喜欢弹钢琴也就不会在乎那个朋友的琴弹得有多好，可是对热衷于弹钢琴、具有钢琴情结的孩子来说，由于自己的钢琴技巧达不到那个朋友的水平就会产生一种心病。”

“噢，原来是这样……”

惠珍会意地点了点头。蓝蓝朝大家嫣然一笑，然后拍拍讲台说道："大家可以谈谈自己心中的情结，也可以说出别人心里的情结。但请注意一条，就是不准点出人家的名字来。因为指名道姓地说出人家心里的情结，容易使人家受到伤害。"

"那，我们怎么玩？"

"大家都准备一张纸，等我喊'开始'后，就各自把想写的情结写在纸上。大家有二十分钟时间。"

"怎么写呀？你举个例子吧。"

"好，我给大家举个例子。我们班有个男生有很严重的'拿破仑情结'。由于他个头矮小，于是心里特别妒忌和戒备个头高大的男孩子，而且打架不打赢对方绝不罢休。"

"蓝蓝，你，你……"

突然，勇镇猛地站起来气呼呼地指着蓝蓝。可蓝蓝仍在笑眯眯地问他："我怎么啦？"

"你，你是不是在说我？"

"我只是说我们班的一个男生，没有点过你勇镇的名字呀？难道你的个头有那么矮小吗？不过，你喜欢跟别的男孩子打架倒是不假。嘻嘻！"

"你，你死定了，等着瞧！"

勇镇火冒三丈，连连喘着粗气。坐在勇镇旁边的玄植拉了一下勇镇的衣襟，勇镇气喘吁吁地坐了下来。

"这个游戏弄不好会造成同学之间的感情不和，所以如果写别人的情结千万不能指名道姓。如果有人写李蓝蓝有公主情结，我会跟她没完的。嘻嘻！"

大家嘀咕了一阵后，游戏终于开始了。坐在教室里的二十多名同学都拿出纸写了起来。

喧闹的教室一下子变得十分安静。隔壁班的老师巡视到这里时看到孩子们个个都认真地坐下来“学习”的情景，不禁露出了欣慰的笑容。蓝蓝笑容满面，朝老师打了个“V”字手势。班里的孩子们安静下来了,隔壁班的老师也满意了,这不是一举两得的好事吗？

“好啦,时间到。请大家把自己写的纸条放到讲台上的投票箱里！”

孩子们各自将自己写的纸条叠好扔到投票箱里去了。女孩子们都精心折叠自己的纸条，可不少男孩子却胡乱叠一下纸张便塞进箱子里。等孩子们投完，蓝蓝打开投票箱，把箱子里的纸条全都倒出来，放在了讲台上。

“好啦，现在我给大家念一遍你们写的情结，大家说好不好？”

“我们听你的，你随便吧。”

看到没有一个学生反对，蓝蓝便捡起了第一张纸条。

“好，那我就开始念了，大家好好听着。我的一个朋友的确有公主情结。”

刚刚念了第一张纸条的开头部分，蓝蓝的两条眉毛之间就出现了一个十分醒目的“川”字。

“这到底指的是谁呀？”

听到蓝蓝的口气里含有生气的意思，银慧胆怯地站起来辩解道：“蓝蓝，我写的不是你！那是我姐姐的情结。我只是把我的姐姐写成我的一个朋友而已。”

“嘻嘻，你也不要当真，我只是说说而已。来，我继续念给大家听。之所以说她有公主情结，是因为她每天早晨化妆穿衣服就要花

掉两个钟头。她以为自己是这世上最漂亮的女孩子，因此她自认为所有的男孩儿都喜欢她，还口口声声说自己将来肯定会嫁给一个有钱有势的王子。”

下面传来了阵阵笑声，蓝蓝把银慧写的纸条放在了讲台上。

“我看你姐姐不仅有公主情结，还有严重的灰姑娘情结。不是吗？你看她专等一个白马王子来拯救自己呢。”

蓝蓝推一推掉到鼻尖上的眼镜说道。坐在下面的孩子们不禁“啊”地发出了惊叹声。也难怪，最近蓝蓝跟玄植他们一起天天到钟姬家里去，从钟元哥那里学了不少有关情结的知识，现在蓝蓝俨然成了一个情结问题专家。

蓝蓝翻开了下一张纸条。

“来，咱们再看看下一张纸条。我的朋友X有严重的妈妈情结。她认为妈妈说的话是绝对正确的，妈妈是至高无上的人。如果有人说她的妈妈，她就跟那个人没完。有一次我去她们家，吃完她妈妈给我们做的蛋糕后，我说了一句这个蛋糕不怎么好吃，结果当场被她撵了出来。我想可能因为她是一个很早就失去了爸爸的孩子，所以她对妈妈的情感比别的孩子更加执著。”

“我知道那是谁！她是隔壁班的孙美娜！”尹成大声喊道。

“美娜真的有妈妈情结？”

蓝蓝一问，尹成点着头说道：“我也有过类似的经历。有一次我当着她的面说她的妈妈是个大胖子，结果被美娜那丫头咬了一下手背。她又不是一条狗，干吗要咬人呢？真是个不可思议的丫头！”

“蓝蓝，你再给我们说一说，情结到底是什么玩意儿？你刚才说过它是什么心病，可我还是弄不明白。”

勇镇提问了，蓝蓝像是等候已久似地咳嗽两声之后向大家说明了情结的意思。

“你们知不知道弗洛伊德？就是那个发现了无意识的著名心理学家。他的弟子中有一个名叫荣格的心理学家。荣格是世界上第一个深入系统地研究‘情结’这一概念的人。我们的头脑里有个叫‘意识’的东西，它能帮我们记住每天发生的事情和我们每天的想法。但是对一些痛苦的事情、恐怖的事情，还有其他我们不想看到、不想记住的事情，我们就会主动把它忘掉。可是我们忘掉它们并不意味着它们在我们的头脑中彻底消失了。它们并没有离开我们的头脑，而是隐藏在我们头脑中的‘无意识’之中。什么叫‘无意识’呢？我们可以把它理解为专门丢弃我们不愿意留存的各种记忆的海洋。”

听到这里，智娴的表情发生了奇妙的变化。听见蓝蓝把无意识比喻成海洋，说明她也看过钟元哥哥写的小品剧本。可是蓝蓝怎么会看过这个剧本的呢？

只见蓝蓝仍在滔滔不绝地说道：“大家好好想一想，扔在大海里的东西经过一段时间的漂流，最后往往重新聚在一起。而丢弃在无意识海洋里的记忆重新聚在一起就会形成情结。比如说有一个人从小被人们说是小矮个，当他长大以后在女朋友面前再次听到了小矮个的称呼，这时过去因个头矮小而被人们嘲弄的记忆一下聚在一起，在他的心中形成一个心结、一块心病。这个时候我们就可以把那个人的心病叫做‘个头情结’。”

蓝蓝的一番解释再次刺激了勇镇。勇镇瞪着一双眼不停察看周围，观察是不是有人在注意自己。勇镇虽然是个打架王，可他的个头确实矮得可怜。

“可是也有办法来测试这种情结。”

“测试？怎么测试？”

“是不是心理测试呀？”

一听测试，孩子们的目光唰地集中在蓝蓝身上。蓝蓝得意洋洋地说：“拿出几个词语给对方看看，让他说说其中印象最深的一个词。通过他说出的词语和他当时的反应，我们就可以看出他心里隐藏的情结。有些人会经过长时间的考虑才回答问题，有些人会说什么都想不起来，也有些人会说出与提问毫无关系的回答，通过这些表象我们就能测试出一个人心中的情结。”

“拿那些东西怎么能测出心里的情结，你给我们详细说说看。”

勇镇催促蓝蓝。

“嗯，荣格曾经对他的一个患者做过情结测试。荣格对那个人说出了‘死亡’一词，结果那个人对这个词语的反应特别激烈，还说了一些让人听不明白的话。通过与那个人进一步交谈，荣格最后发现那个人非常敌视自己的父亲，甚至达到了希望父亲早点死亡的地步。这就意味着那个人心里对自己的父亲有一个严重的情结。”

“希望自己的父亲早点死亡？而且他本人还不知道自己有这样的情结？”

“对。可情结也不一定总是无意识的，也有一些有意识的情结。然而不管有意识还是无意识，只要这个情结一产生，人们的心态就会变得与平时不同。如果对一个没有个头情结的人问一句‘你穿过高跟鞋吗？’他会毫不在乎地回答：‘嗯，我穿过一回。’可是如果被问的人心里正好有个头情结，他就会暴跳如雷地说：‘我干吗要穿高跟鞋？你把我看成什么人了！’”

听到这里，坐在勇镇另一侧的振生偷偷地捅了一下勇镇，问道："你，是不是也穿过高跟鞋？"

"什么，你小子在胡说什么！"

勇镇就像触了电一样突然浑身一颤，无意之中大声叫喊道。可他又立刻想起蓝蓝刚刚说过的话，发出一声痛苦的呻吟用双手捂住了自己的脸。

"哈哈，真是不打自招。用蓝蓝的方法测试，勇镇心里就是有个头情结。哈哈！"

振生虽然和勇镇关系不错，可同样经常受到勇镇的欺负，这一下振生总算扬眉吐气，结结实实地报复了一回。就在这时，走廊上响起了下课铃声。

情结一词的多种含意

“情结(complex)”一语源自拉丁文“com(一起、混合)”与“plectere(编织)”两个词汇的组合，原指“编织”“混成一团”的意思。这个词在化学里意味着“复杂的混合物质”，在语言学用法上意为“由两篇以上的文章结合而形成的复合文章”，在数学里它表示由实数和虚数组合而成的“复数”。

情结，字典里的一种解释是“心中的感情纠葛，深藏心底的感情”。情结也是心理学术语，指的是一群重要的无意识组合，或是一种藏在个体心理中强烈而无意识的冲动。每个心理学理论对于情结的详细定义不同，但不论是弗洛伊德体系还是荣格体系的理论都认为情结是非常重要的概念。情结是探索心理的一种方法，也是重要的理论工具。很多人把情结单纯地理解为个体心中的“自卑感”，心理学上的精神情结虽然与“自卑感”多少有所关联，但是如果全面理解情结，人们就会发现情结除了“自卑感”以外还包含着很多意义。

1895年弗洛伊德和奥地利心理学家约瑟夫·布洛伊尔共同编写了一部著作《癔病研究》。两位哲学家在书中指出“癔病的产生原因就是无意识的复合心理，而这个复合心理就是情结”，于是情结一词第一次面世。在这本书里弗洛伊德虽然把目光放在了沉浸在无意识中的痛苦、羞耻、恐惧等复杂的感情纠葛之上，可弗洛伊德并没有将情结放到像今天这样更广泛的领域去研究，而只是研究了几个方面的情结（如恋母情结Oedipuscomplex）。弗洛伊德的弟子阿尔弗雷德·阿德勒（与荣格同一年代的奥地利心理学家——译者注）将情结解释为更易于被人接受的“自卑感”，从而受到学界的极大关注。从此以后，“情结”一词就变成“自卑感”的代名词而广为人知。

荣格通过不懈的努力将情结的概念系统化、普遍化，终于使情结作为普遍的概念而被人们所接受。因此说，荣格的情结是广义的概念，它既不局限于癔病的产生原因，也不仅仅是自卑感和自负感。

荣格的情结概念

荣格认为所有的人都拥有一定程度的情结。所谓情结是某一个特定的想法或者情感长期受到压抑而深藏在心灵深处的感情纠葛。简单一点儿说，就是每个人内心深处的复杂的感情纠葛。这种心理纠葛往往留存于不受自我控制的无意识之中，因此平时我们很难察觉到情结的存在。

情结所包含的内容大都是负面的意识，如应该做的事情和不应该做的事情之间的矛盾、犯罪意识、自卑感、不安、挫折等。与此相反，有时候优越感和过分的自信心也可能导致情结的产生。

每个人都会想方设法忘掉自己不光彩的记忆，可是这些记忆并没有完全被消除，而只是被自我压抑，被意识遗忘，储存在个体的无意识领域里。被意识遗弃到无意识领域的情感最后聚集在一起形成一个庞大的心理纠葛，到了一定的时候，比如突然遇到某件事情，这个纠葛便以情结的形式爆发出来。

情结是由复杂的感情纠葛组成的，因此对外部的刺激非常敏感。越是对特定感情敏感的人，其情结就越严重。

视情结为精神障碍的原因

情结成为精神障碍的原因并不仅仅是因为情结表现为罪恶感、自卑感等心理缺陷，更重要的是，如果情结严重，在日常生活中人们往往很难做出正确的判断，很难采取正确的应对措施。

为了解释无意识状态，荣格发明了“词语联想法”的测试方法。“词语联想法”虽然与弗洛伊德使用的“自由联想法”很相似，但其性质却有所不同。

测试过程如下：

首先挑选出适合测试对象的几个词语，然后一一念给测试对象听，让测试对象自然地说出自己的想法。如果测试对象听到与自己的情结有关联的词语，他就会做出特别的回应或者很长时间都无法做出回应。

比如说，有人在小时候曾经有过迷路的经历，那么当他听到“家”这个词后就觉得胸闷气短，一时做不出相应的回答。这是由于无意识中的各种感情纠葛一下子全都涌现出来，使他理不出头绪。

由此看来，情结往往会发展到阻碍我们日常生活中正常精神意识活动的地步。因此人们把情结视为精神障碍的一个因素。

情结种类多样的原因

弗洛伊德认为情结的存在范围有很大的局限。他说情结主要产生于儿童期，而情结的内容又主要集中在某一特定的范围之内。

荣格反对弗洛伊德的这一观点，认为情结的产生并不是在特定时期，情结的内容也不一定集中在某一特定的范围之内。

我们生活在这个世界上，每个人的生活环境和生活体会各不相同。因此对敏感问题的反应程度，人与人之间往往存在着很大的差异，情结也就表现得多种多样。

四

提升自我的超凡能力

1.我的情结，我的进步

2.特长竞赛

古希腊的狄摩西尼之所以成为伟大的辩论家，不是因为他生来就有善辩的天赋，而是因为他很好地克服了口吃情结。

——荣格

1 我的情结，我的进步

现在一到晚上，玄植、尚佑、智娴、钟姬、蓝蓝五个人总聚在一起谈论哲学，谈论小品。今天他们又迎来了一个新朋友，他就是班里的“打架王”勇镇。就在上周五下午，玄植发现勇镇总想靠近蓝蓝，还以为勇镇要伺机报复蓝蓝，于是握紧拳头准备教训勇镇一番。可没想到他靠近蓝蓝是为了从她那里学习更多有关情结方面的知识。

“我总觉得我心里也有情结，你看看能不能解开我心中的情结？”

于是今天晚上勇镇也加盟了钟姬的小组，一起探讨情结问题。玄植和蓝蓝仍然形影不离，智娴只是面带微笑看着他们俩。不知什么时候开始，尚佑和钟姬的关系也越来越亲密了。

“剧本够长的，怎么背得下来？”

勇镇看着钟元哥的剧本皱起了眉头，可看到剧本中“无意识”一词，勇镇还是一口气读了下去。勇镇确实变了，不再是以前那种吊儿郎当的样子，开始对学习感兴趣了。

“嗬，好神奇啊，情结竟然隐藏在无意识当中？”

勇镇惊奇地喊了一声。以前的勇镇一翻开书就直打盹儿，可今天却对荣格的心理学表现出浓厚的兴趣。

“噢，说得也对。剧本里的修道士跟我完全一样，航行在茫茫大海，四处寻找记忆……这么说修道士的情结是容易遗失记忆的健忘症喽。哈哈，这不是跟美国电影《记忆碎片》里的主人公一样吗？你们也都看过这个剧本吧，我看这里的旅行者就像尚佑，是不是？自己向自己提出一大堆问题，然后又理不出个中头绪，对不对？哦，不过，你们都有什么情结？”

“我们都有什么情结？”

面对勇镇连珠炮似的提问，大家不知怎么回答才好。

“让我来猜一猜好吗？蓝蓝你不用看就是一个典型的公主情结，对不对？”

“你想找死呀？”

“嘻嘻，智娴你呢？”

“不用你说我都知道我自己的情结，我过于想念我的妈妈。”

听到智娴自言自语般的回答，勇镇立刻闭上了嘴。

“我妈妈去世才两年，所以我还在天天想念她，就连睡觉也经常梦见妈妈。我现在满脑子都是妈妈，想妈妈都到了影响学习的程度。”

……

玄植意外地伸出一只手轻轻地拍拍智娴的肩膀安慰她。看来玄植也有一颗同情心，是个粗中有细的孩子。

“我觉得我真有点像剧本里的那个旅行者。”

为了转移话题，尚佑说出了自己的情结。

“好奇心强，还动不动就思想开小差。”

“刚才勇镇说我有公主情结，其实我还真有点儿。”蓝蓝出乎意料地坦白道。

“你们看看，还是我说的对吧？”

勇镇得意地耸了一下肩膀。

“我想这是从我妈妈那里学来的。不知道情结是不是也能遗传，反正我妈妈年轻的时候是个特别漂亮的女人，她还参加过全国选美竞赛呢。所以我妈妈见到一个人首先看她漂不漂亮。她称赞我的时候总是说‘我漂亮的女儿啊’，批评我的时候则说‘你这个丑丫头’。听惯了妈妈的这些话我也不知不觉地习惯于观察事物的外表，平时待人接物总是先看对方的外表。以前我并不知道自己有这样的情结，现在既然知道了就得努力克服呀。”

“我，其实我也……”

由于蓝蓝坦率地说出了自己的情结，勇镇的得意劲儿顿时烟消云散，他挠着后脑勺说道：“其实我也因为自己个头矮小感到很苦恼。从小就被人说小矮个，我甚至想过穿上增高鞋来增加自己的个头，可是到卖鞋的地方去看，我的脚丫子又小得可怜，根本没有合适的增高鞋，当时我真有点难堪。后来我天天盼望长个，每天量一遍自己的身高。还好，今年我长了10公分。可我觉得还是不够。由于心里有个头情结，一看见大个子就想狠狠地教训对方。我这个想法很可笑吧？”

“当然可笑啦！”蓝蓝喊了一声。

“回头想来，我跟别人打架就是因为心里有个头情结。要是没有个头情结我也不会隔三差五地被妈妈收拾了。”

“还好，由于天天打架，你的拳击水平倒是进步了不少嘛。”

蓝蓝仍在嘲笑勇镇。

“我想好了，往后再不跟同学们打架了。由于我自己的情结连累别的孩子，这是很不应该的。”

“我往后也坚决不会以貌取人了。”

蓝蓝拍着勇镇的肩膀说道。

“嘿嘿，你不想当公主啦？”

“我觉得自己有点像银慧说的那个过于关注外表形象的姐姐。以前早晨起来挑选衣服就要花掉半个钟头，当然现在已经减少到十五分钟左右……由于早晨的时间充裕了，现在我上学也不用像以前那样一路小跑。”

“嗯，我，我……”

钟姬手里摆弄着巧克力饼干吞吞吐吐地开了口。

“我，我就是不愿意在人多的地方说话。只要站在众人面前，我的心就突突直跳。像蓝蓝那样自信地在同学们面前说话，这对我来说是想都不敢想的事情。所以我最怕上课的时候被老师点名发言。平时在家练习得再好，可一旦站在大伙儿面前，我的脑袋就变得一片空白。”

尚佑不解地歪了一下脑袋。

“你干吗要害怕呢？”

“我也不知道，反正站在大伙儿面前我就觉得心跳加快，舌头也变硬。”

“那，在家人面前呢？”

“家人面前倒是没什么问题，就是我们几个这么谈论也没什么。可是，只要有陌生人在场我就不敢说话了。我也不知道这是为什么。”

“你是不是怕人家取笑你？”

“取笑我什么？”

“就是说，怕人家说你是个不会说话的傻丫头。”

钟姬思索片刻之后轻轻地点了一下头。

“也许是这样。因为我有两个聪明过人的哥哥，所以跟两个哥哥相比，我就显得特别迟钝。还有，我一天到晚几乎没机会与陌生人接触，总跟家里人在一起，所以见到陌生人就会特别害羞。不管是出于什么原因，我一定要尽量克服这个心理情结。跟你们这么谈论，对我来说是一个很好的锻炼机会。”

智娴伸出一只手紧紧握住了钟姬的手。

这时，钟元哥哥从厨房端着装有水果的茶盘走过来了。他在厨房里早已听见了孩子们的谈论，于是笑眯眯地跟大家说道：“我上回给你们讲过有关荣格的话，不知你们还记不记得。荣格是第一个系统阐释情结概念的人，也可以说是‘情结’一词的真正创始人。智娴和蓝蓝你们应该记得吧？”

“当然记得。”智娴和蓝蓝立刻回答道。

钟元哥继续说：“荣格认为不能把情结仅仅看成是妨碍我们正常言行的消极因素，我们还要看到情结积极的一面。强烈的情结也可以使我们集中精力去思考某一个问题嘛。这就是所谓的热情，也就是这一股热情驱使我们去攻破一个个难关，把不可能的事情变得可能。”

“把不可能的事情变得可能？”

“现在我们来看一看你们在学校里学过的莫扎特和贝多芬。这两位音乐大师不顾自己的身体状况为我们创作出一曲又一曲美妙动听的音乐作品。全身心地投入到音乐创作中，这就需要常人难以想象的精力和热情，荣格说他们的这种精力和热情就是来自于他们内心的情结。因此，我们也不能被情结所压倒，应该把情结当作我们精神世界的一部分，好好地利用它积极的一面。”

“情结也会有积极的一面？”蓝蓝接口问道。

“当然了，我们身上病态的情结必须予以治疗，可情结积极的一面我们还要发扬光大，让它成为我们做好人好事的动力。”

听了钟元哥的话，大家都会意地点头。

“还是我提议得好。如果我不跟你们建议拿我哥的剧本排练小品，你们能学会什么叫情结吗？嘻嘻！”

钟姬得意洋洋地说道。蓝蓝也在一旁帮腔：“如果小品表演成功了，钟姬、玄植、智娴和尚佑你们四个就要成为小品明星喽！”

“哈哈，我们一定会成为小品明星的！”

“还有自称‘打架王’，天天欺负别人的勇镇也该懂点事，变成一个成熟的孩子啦！”

勇镇红着脸点了点头。

自从学习了荣格的情结理论之后，孩子们的精神面貌都发生了明显的变化。勇镇变得比以前老实了，钟姬也比以前更喜欢跟同学们交流。而智娴已经开始对小品倾注全身心的热情！

所有的精神障碍都解除后，钟姬她们也投入到小品排练当中去了，因为离竞赛的时间已经没剩几天了。

2 特长竞赛

“今天和往常一样有很多人背着包袱聚集在了忘却的海洋边。”

负责旁白的玄植用高昂的声音念着台词，他看到蓝蓝正目不转睛地注视着自己的一举一动。玄植的旁白有些生硬，四处传来阵阵笑声。

“请问你们身上背的都是些什么东西？”

扮演青年角色的智娴问扮演旅行者角色的尚佑。

“嗯，这些都是今天看到和听到的东西中没有必要记住的，我们还带来了白天因说谎而产生的罪责感。这些记忆装在包袱里让我们越来越沉重，所以必须统统倒掉。”

尚佑的演技非常自然流畅。他背着一个包袱佝偻着身子在舞台上蹒跚踱步，活像一个老态龙钟的爷爷身背重负步履艰难地走在大街上。

“上了岁数了，该倒掉的东西越来越多了。可也奇怪，虽然我扔掉的都是没有必要的东西，可是扔完以后总觉得心里空荡荡的，好像丢掉了很重要的东西。”

尚佑嘴唇上画了一道黑杠，远远看上去真像老爷爷的胡子。由于尚佑本来就是个稳重的孩子，他在舞台上恰到好处地表现出了老年人的状态。

“我小时候也在这大海边上玩耍过，可现在却再没有那份心思了。我这是不是上了年纪的关系呀？”

智娴装着大人般粗犷的嗓音说道。这时勇镇装扮成在海边玩耍的少年上台，在大海背景前做出种种玩耍的动作。勇镇玩耍的模样非常滑稽，逗得台下的同学们捧腹大笑。

第一幕结束了，钟姬一组人手忙脚乱地布置下一幕的背景。

随着玄植激昂有力的旁白，第二幕又开始了。这次钟姬装扮成修道士的模样做出划船的动作上场了。钟姬划着船在大海上四处游荡，突然她发现了蓝蓝。蓝蓝扮演的是在大海里自由自在游玩的超凡能力者。蓝蓝负责的角色表演难度比较大，因为她在舞台上要表演游泳的动作。可是蓝蓝表演得很认真，游泳动作十分逼真，活像一只可爱的海豹在大海里嬉戏。钟姬朝蓝蓝说：“我在这片忘却的大海里整整航行了一年，可我头一回看到像你这样没有船只孤身一人在大海里游泳的人，请问你是干什么的？”

钟姬一问，蓝蓝又做了一阵仰泳和自由泳的动作，说道：“我是一个超凡能力者。我什么都能记住。我能记住十多年前的事情，也能记住很久以前走过的某一条街上种有几棵行道树。请问你准备划船去什么地方？”

修道士钟姬停下划船的动作，低下头惊讶地望着大海里的超凡能力者蓝蓝，问道：“你怎么会记住那么多的东西？”

“因为那些东西都在这片忘却的海洋里。”

“都在这片海洋里？”

“请问你到底要去什么地方？”

“我有健忘症，刚刚做过的事情一转身就会忘掉，所以一天下来我什么事情都做不成。我跟什么人说过什么话，早餐都吃了些什么，只要时间一过我都会忘记。我简直变成了一个白痴。所以，我想划着船去寻找我那丢失的记忆。”

“修道士呀，你想得到的所有东西原本都是属于你自己的，而且也都是你亲手扔掉的啊。那些东西统统在我这里呢，来，抓住我的手到忘却的海洋来看一看。你不用害怕，因为你记忆的影子就在这片海洋里。”

浸泡在大海里的超凡能力者蓝蓝朝坐在船上的钟姬挥动着手。犹豫片刻之后，钟姬终于下定决心纵身一跃，跳入蓝蓝尽情嬉戏的那片忘却的海洋。她们两个人手拉着手在忘却的大海里自由自在地游泳，渐渐地游到大海深处去了。

“谢谢各位的观赏，我们的小品到此结束。”

随着玄植的谢幕，台下立刻响起了雷鸣般的掌声。

在掌声中全体演员手拉手重新上台向大家鞠躬致谢。钟元站在台下朝钟姬她们鼓掌，祝贺她们演出成功。他没想到很久以前写的剧本《忘却的海洋》竟然被这些孩子成功地搬上了舞台，钟元感到由衷的高兴。孩子们的脸上也满是欢乐的笑意。

用情结实现自我的过程

我们在学校里经常听到老师讲素质教育、自我实现等话题。这些话题听起来非常严肃而且都是些不容易做到的事情，可是如果我们正确理解和运用本书中所讲的情结理论，我们就可以在现实生活中实实在在地实现自我。历史上很多心理学者们研究情结的目的就是为了让人们认清情结，寻找真正的自我，最终实现自我。现在我们综合整理一下实现自我的过程。

1. 正确理解情结

情结是隐藏在我们心灵深处的一种感情纠葛。虽然大多数情结来自小时候的心灵创伤，但我们不能因此断定情结一定都是负面的。我们每个人都拥有一两个自己的情结，而这些情结恰恰是完整自我的组成部分。因此，我们一定要记住，情结并不是我们要极力隐瞒或者消除的对象，而是精心呵护和管理的对象。

2. 如何发现自己心中的情结？

准确地发现自己心中的情结是寻找完整自我的第一步。“词语联想法”就是荣格为了发现情结而创立的方法。经常与心理专家谈心交流也有助于发现自己的情结。

3. 要实事求是地对待自己的情结

我们在很多场合下即使发现了自己内心的情结也不敢实事求是地承认，而总想用漂亮的语言来掩饰。比如说一个伪造自己学历的人会把自己心中的“学历情结”归罪于社会风气和现行教育制度。人们往往用各种借口来回避给自己带来不快感觉的事实。这种态度在心理学上叫做“理智化”。我们必须注意避免掩饰真实自我的倾向，以免陷入否认现实、回避问题的“理智化”陷阱。

4. 发现情结以求升华

对一个弱点，如果我们主动承认它，那么它就不再是我们的弱点。情结作为一个复杂的感情纠葛，作为一个在无意识中左右我们言行的力量源泉，它同时拥有消极的因素和积极的因素，因此，情结既可以促进一个人的成长，也可以阻碍一个人的成长。荣格主张情结是一个人取得光辉成就所必需的灵感和冲动的根源。专门研究个体无意识和自卑情结的心理学家阿尔弗雷德·阿德勒也承认，只要关心和培养情结，情结就可以让我们升华到一个崭新的境界。

尾声

时光飞逝，钟姬、智娴、尚佑、玄植、蓝蓝、勇镇这六个孩子成了中学生。他们现在都过得怎么样呢？让我们一起去看一看吧。

“如果大家认可一号候选人李蓝蓝，我一定会做一个为了全班的名誉以身作则、任劳任怨的好班长！”

蓝蓝还是利用她的一技之长挑战班长的职务。看她握紧拳头信誓旦旦的模样，她心中的“公主情结”早已被克服了。蓝蓝肯定还会当选的。

“智娴呀，你给我念一遍这一句，这一句我读起来总是绕嘴。”

“好，你等等。”

智娴和钟姬在学校的课外表演队里仍然热衷于小品表演。自从特长竞赛活动以后，性格一向十分内向的钟姬开朗多了。智娴正在认真阅读剧本，钟姬则努力背诵台词。

“尚佑，你教教我这道数学题怎么做好不好？”

“来，我看看。”

玄植手拿数学教科书来到尚佑身边，尚佑立刻帮玄植讲解起来。尚佑的数学成绩是全班公认的优秀。只要对某一件事感兴趣就打破沙锅问到底，这就是尚佑的情结。怎么样，这个情结确实把尚佑升华到了一个崭新的境界，他现在成了班里的数学尖子。

而玄植则早已克服掉“念书情结”，懂得了只要付出努力就没有攻不下的难关这一道理。

“勇镇，放学以后咱们一起去玩电脑游戏好不好？”

“对不起，今天我就不能陪你了，放学后我还要参加训练呢。”

勇镇是全校拳击冠军。他已经不再是过去的“打架王”，也不再欺负弱小的孩子了。他现在的理想是当上世界拳击冠军。

我们每个人都拥有情结。对天才的艺术家来说情结会诱发他的艺术灵感，可对我们普通人来说情结很有可能叫我们看不清真相。因为情结总在我们的心里捣乱，不让我们用理性的眼光去判断问题。情结的阴影也有可能给别人造成伤害，因此我们必须认真对待自己的情结并努力去克服它。

这本书讲述了几个到心灵深处旅行的孩子的故事，你们是不是觉得很有意思？是不是也想到无意识的世界中去游历一番呢？

综合论述题

01 读下列提示文回答问题。

(A)“这么说,你哥哥从来是用不同的面孔对待你和其他人的?”玄植问道。

“不仅仅是面孔不同,就连说话的口气、态度也完全不一样。怎么,你们觉得奇怪吗?仔细想一想我们不都是这样的吗?如果对弟弟的态度和对爸爸妈妈的态度一样,那才真正奇怪呢。如果我们对待爸爸妈妈跟对待朋友一样,用同样的态度对待所有的人,那将是什么模样呢?”

听了钟姬的话,大家都点了点头。智娴在一旁为钟姬帮腔道:“钟姬说得对。我也这么想,每个人都有自己的一套假面,而这些假面并不是为了欺骗他人,只是对不同的人和不同的情况采取不同的态度而已。也许这个假面是我们生活中必需的。”

——摘自《荣格:心灵与人格的故事》

(B)韩国总统金大中曾经说过“政治就是生命体”。生物要在大自然里生存下去,就必须像变色龙一样根据自己的生存环境不断地改变和适应。为了生存生物都会不择手段改变自己的模样,何况拥有高智商的人类,人类什么事情做不出来呢?只要我们回顾一下背叛自己的叛徒,在倭寇的屠刀下断送国家命运的朝鲜王朝的历史,我们就可以得出所有的答案来。

——摘自2008年3月18日《互联网报》

提问:比较一下提示文(A)和(B)的内容,谈谈两者的区别。

02 读下文回答问题。

(A)“妈妈……我有事求你帮忙。”

“什么事情?”

“我呀……听说班里的孩子们都在吃长个儿的药……我想,我想我也打一回成长激素……你看行不行?”

“什么,成长激素?英娥呀,这话你是从哪听来的……你为什么突然想起来要打成长激素?发生了什么事吗?”

“没有,我只是……”

看到我吞吞吐吐,妈妈更是疑惑不解地摇了摇头。

“英娥呀,你这么突然提出要打什么激素,妈妈一时不知怎么回答你好,可是妈妈觉得打激素并不是什么好办法。如果英娥你的个头真的矮小到被人笑话的程度,妈妈可以答应你这个要求。可是你的个头还算是中等,而且将来还会长高,干吗要打成长激素呢?我总觉得你还有什么别的秘密,对不对?”

——摘自《怀海特的故事》

(B)“我上回给你们讲过有关荣格的故事,不知你们还记不记得。荣格是第一个系统阐释情结概念的人,也可以说是情结一词的真正创始人。智娴和蓝蓝你们还记得吧?”

“当然记得。”

智娴和蓝蓝立刻回答。钟元哥继续说道:“荣格认为不能把情结仅仅看成是妨碍我们正常言行的消极因素,我们还要看到情结积极的一面。强烈的情结也可以使我们集中精力专门思考某一个问题嘛。这就是所谓的热情,而往往就是这一股热情驱使我们去攻破一个个难关，把不可能的事情变得可能。”

“把不可能的事情变得可能？”

“现在我们来看一看你们在学校里学过的莫扎特和贝多芬。这两位音乐大师不顾自己的身体状况为我们创作出一曲又一曲美妙动听的音乐作品，全身心地投入到音乐创作之中，这就需要常人难以想象的精力和热情。荣格说他们的这种精力和热情就是来自于他们内心的情结。因此，我们不能被情结所压倒，应该把情结当作我们精神世界的一部分，好好地利用它积极的一面。”

——摘自《荣格：心灵与人格的故事》

提问：说明提示文（A）中主人公的心理情结。读完提示文（A）和（B），谈谈对两个主人公的想法。

03　荣格认为情结并不是只有在特定时期才产生的，也不是集中于某一个特定领域。这是因为情结的种类是多种多样的。可是一般来说一提起情结人们往往联想到自卑感。读下面的提示文，谈一谈为什么不能把情结和自卑感混为一谈。

荣格认为所有的人都拥有一定程度的情结。所谓情结是某一个特定的想法或者情感长期受到压抑而深藏在心灵深处的感情纠葛。简单一点儿说，就是每个人内心深处的复杂的感情纠葛。这种心理纠葛往往留存于不受自我控制的无意识之中，因此平时我们很难察觉到情结的存在。

情结所包含的内容大都是负面的意识，如应该做的事情和不应该做的事情之间的矛盾、犯罪意识、自卑感、不安、挫折等。与此相反，有时候优越感和过分的自信心也可能导致情结的产生。

综合论述题题解

01 提示文（A）对不同的场合采取不同“假面”的现象持肯定的态度。我们不能用同一副面孔对待所有的人，即使对同一个人也不能永远以同一副面孔去对待。就像对待爸爸、弟弟、老师、朋友的态度各不相同一样。要想在当今变化莫测的社会中生存，我们必须时时刻刻改变自己，不断地适应变化的社会。提示文（B）则对“假面”持否定的态度。作者抨击了政治圈里的人们为了自己的私利，在不同的场合、不同的领导面前见风使舵、投其所好的卑劣行为。我们应该提高自己的判断力以正确运用人格面具。

02 英娥对自己的个头非常不满意。所以向妈妈请求打一针成长激素。打针是一件痛苦的事情，可是英娥不顾打针的痛苦还要使用成长激素，英娥的苦衷是可以理解的。可是如果以“个头情结”来折磨自己，对今后的成长会带来很大的影响。别看英娥现在不高，可是今后通过运动和食物调节也完全可以长高，没有必要用成长激素来人为地增长身高。更重要的是承认身材不高的事实，面对现实加强锻炼的态度。当模特儿必须要有一个高挑的身材吗？回答是否定的。在国外有另类的模特儿，他们都是身材矮小其貌不扬，但他们个个以自己的一技之长来显示自己非凡的魅力和气质。英娥眼下虽然不高，但我们相信将来她还可以长个，即使不长个也可以努力克服“个头情结”，使“个头情结”变成促进自己成长和发展的原动力。

03 根据弗洛伊德的理论，一个人的无意识往往由他过去亲身经历过的事情来构成，可是荣格却认为没有亲身经历过的事情也可以反映到无意识之中。不能把情结和自卑感混为一谈的原因就在于此。自卑感往往在自己的愿望因某种原因而得不到实现的时候产生，因此自卑感表现为不安、挫折甚至罪责感。由此看来心灵的创伤是导致情结的直接原因。可是有些时候优越感和过分的自信心也可以导致情结。这意味着产生情结的原因不一定就是自卑感。弗洛伊德提出了产生情结的两个限制条件，一是情结只产生于儿童成长期，二是情结的内容集中在特定内容之上。可荣格旗帜鲜明地反对弗洛伊德的这一主张，认为情结并不是在某一个特定时期产生的，也不是局限在某一个特定范围之中。这就说明情结不仅是因人而异的，也是多种多样的。

回头看荣格

荣格的分析心理学

荣格的分析心理学不同于过去束缚在科学框架之内的心理学，它包含宗教、梦境等灵异因素。这是因为荣格受到了家庭的影响。荣格的外公、父亲以及八个叔叔都是牧师。因此，荣格的研究范围扩展到全世界的宗教、神话与考古学领域。荣格用毕生的精力研究

了整个人类在精神上共同拥有的真理。现在我们往往把一个人的性格用“外向”和“内向”来描述，其实这也是以荣格的分析心理学为基础而创立的性格测试和描述方法。

荣格的生平

1875 年　出生于瑞士图尔高的一个牧师家庭。曾在巴塞尔大学攻读医学。后在精神病院担任精神科医生。

1905 年　与精神分析学的创始人弗洛伊德开始书信往来。

1907 年　在维也纳第一次与弗洛伊德相遇。

1908 年　创办国际精神分析学协会，并担任首届会长。
后来由于学术见解上的分歧渐渐与该学会疏远。
开拓自己的分析心理学。

1961 年　因病去世。

性格决定命运。

——荣格